开关变换器环路设计指南——
从模拟到数字控制

[美] 桑佳亚·玛尼克塔拉（Sanjaya Maniktala） 著

文天祥　译

机械工业出版社

本书对作者多年的开关电源设计经验进行了总结，从开关变换器环路的基本概念入手，抛开了繁杂的理论分析，主张通过电路直觉分析，并与实例相结合，对开关变换器的控制（模拟及数字）环路设计以及系统稳定性进行了直观的讲解。对于模拟环路补偿设计部分，对电流、电压模式控制方式以及典型的模拟补偿方案的不足进行了深入探讨；对于数字补偿设计部分，作者提出了全新的"Q值匹配"概念，并用实例进行分析。本书同时提供了大量的参考资料并解答了一些工程师在环路设计中经常碰到的问题。

　　本书可供开关变换器研发设计、调试工程师，以及高等院校相关专业师生阅读和参考。

图书在版编目（CIP）数据

开关变换器环路设计指南：从模拟到数字控制 /（美）桑佳亚·玛尼克塔拉（Sanjaya Maniktala）著；文天祥译. —北京：机械工业出版社，2017.4（2025.3重印）

书名原文：Intuitive Analog to Digital Control Loops in Switchers

ISBN 978-7-111-56082-1

Ⅰ.①开… Ⅱ.①桑… ②文… Ⅲ.①开关电路 – 电路设计 – 指南 Ⅳ.① TN710-62

中国版本图书馆 CIP 数据核字（2017）第 030478 号

机械工业出版社（北京市百万庄大街 22 号　邮政编码 100037）

策划编辑：江婧婧　责任编辑：江婧婧
责任校对：佟瑞鑫　封面设计：鞠　杨
责任印制：李　昂
北京中科印刷有限公司印刷
2025 年 3 月第 1 版第 7 次印刷
169mm × 239mm · 7.25 印张 · 123 千字
标准书号：ISBN 978-7-111-56082-1
定价：55.00 元

凡购本书，如有缺页、倒页、脱页，由本社发行部调换
电话服务　　　　　　　　网络服务
服务咨询热线：010-88361066　机 工 官 网：www.cmpbook.com
读者购书热线：010-68326294　机 工 官 博：weibo.com/cmp1952
　　　　　　　010-88379203　金 书 网：www.golden-book.com
封面无防伪标均为盗版　　　教育服务网：www.cmpedu.com

译者序

开关变换器（开关电源）的控制系统是一个典型的自动控制系统，随着用户对开关变换器（尤其是系统级的电源）品质要求越来越高，如何设计一个稳定的环路是每一个处于研发一线的电源工程师面临的一个严峻考验。目前，市面上见到的大多数开关变换器设计方面的参考书，或多或少地都谈到了开关变换器的环路设计，然而多数参考书在讲到环路设计时，喜欢推导并罗列一堆复杂的控制理论，以及一些让人望而却步的数学公式，致使许多电源工程师看完之后仍然感觉一头雾水，难以与实际工程设计联系起来。

本书作者 Sanjaya Maniktala 具备近 30 年丰富的开关变换器工程设计经验以及对电源技术的独特见解，在他的职业生涯里，已经出版了数部开关变换器工程设计方面的畅销书。《开关变换器环路设计指南——从模拟到数字控制》是一部实用的工程设计参考书，本书的特色是：作者对开关变换器的环路控制不进行过于"学术化"的讨论，只对一些必要的理论给出数学方程，并由浅入深，用通俗易懂的语言，比较全面地介绍了环路控制的基本概念、环路稳定的条件、输入前馈、大信号响应、模拟环路补偿策略以及数字控制器设计，实验室测量等实用的工程设计方法。

本书是一本将开关变换器环路控制理论和实际工程设计相结合的书籍，比较适合具有基本的电力电子学基础知识和一定产品调试经验的开关电源工程师使用。

译者好友胡长远，曹珂杰，以及万正芯源相关技术人员，他们都是一线电源研发设计人员，对一些技术细节上的翻译给出了宝贵建议，在此对他们表示衷心地感谢！此外，还要感谢机械工业出版社编辑对本书译稿进行严谨的审校加工。

由于译者的水平所限，虽然在翻译过程中遵循原著作者理念，数易其稿，但仍不可避免存在缺点甚至错误，译者衷心地希望得到广大读者的批评指正，译者的联系方式：eirc@allgpc.com，谢谢！

文天祥

2016 年 12 月 30 日于上海

目录

译者序

第一部分　模拟环路设计

序言 ……………………………………………………… 2

致谢 ……………………………………………………… 4

0. 介绍 …………………………………………………… 4

1. 从空调控制系统到闭环开关变换器 …………………… 5

2. 回忆：Unitrode 1996 的研讨会 ……………………… 9

3. 将控制环路理论引入实际的开关变换器中 …………… 10

4. 开环和闭环增益 ……………………………………… 16

5. 系统不稳定性判据及其"安全裕量" ………………… 19

6. 直流增益与稳态误差 ………………………………… 22

7. 动态电压定位技术 …………………………………… 24

8. 输入纹波抑制 ………………………………………… 25

9. 整个控制对象的增益 ………………………………… 26

10. 输入（线）电压前馈 ………………………………… 28

11. 电流型 Buck 变换器的输入校正 …………………… 28

12. 其他拓扑的传递函数 ………………………………… 29

13. 拉普拉斯变换 ………………………………………… 30

14. 理解延时（滞后） …………………………………… 33

15. 其他拓扑中的大信号响应 …………………………… 33

16. 一些易犯错的术语表达 ……………………………… 34

17. 对基准电压进行阶跃处理 …………………………… 35

18. K 因子方法 ………………………………………… 35

19. 实际电路中的模拟补偿方法 ………………………… 36

20. 模拟环路补偿典型实例 ……………………………… 37

21. 1，2，3 型环路补偿小结 …………………………… 41

22. 其他拓扑的环路补偿 ………………………………… 44

23. 控制对象传递函数小结 ……………………………… 45

24. 在实验台上测量环路增益 …………………………… 46

25. 如何调整一个 3 型补偿网络 ………………………… 48

26. 3 型补偿网络中的近似处理 ………………………… 52

目录

27. 一种全新有效的方法出现了 ················ 53

第二部分 数字环路设计

序言 ···················· 56

致谢 ···················· 56

0. 介绍 ·················· 57

1. CMC 的问题 ··············· 58

2. 控制对象和反馈环节的贡献 ········ 61

3. LC 后置滤波器分析 ·········· 63

4. 建立起直觉 ············· 66

5. 对数对于我们来说是很自然的事 ······ 67

6. 从傅里叶级数到拉普拉斯变换 ······· 70

7. 基本模块：极点和零点 ·········· 76

8. 做出一些常用传递函数的波特图 ····· 77

9. 常用传递函数小结 ··········· 85

10. 从模拟走向数字补偿 ·········· 86

11. 传递函数的峰值 ············ 87

12. 模拟补偿的限制 ············ 88

13. 3 型补偿网络中的 Q 值不匹配问题 ···· 90

14. Q 值不匹配的问题 ··········· 91

15. 重新审视条件稳定 ··········· 92

16. 迫使模拟补偿更为有效 ········· 94

17. 阻尼是什么 ·············· 95

18. 临界阻尼之外 ············· 96

19. 另一个有用的功能：电容的阻抗 ····· 96

20. PID 系数介绍 ············· 100

21. 类比的重要性 ············· 103

22. 实验台验证 ·············· 106

23. PID 系数的其他写法 ········· 106

24. PID 系数 Mathcad 计算表格 ······ 107

25. 结论 ·················· 108

第一部分

模拟环路设计

序言

近几年来，我开始意识到，我之前出版的两本书（《精通开关电源设计》和《开关电源设计与优化》）中的环路控制理论章节变得越来越流行，而且得到广泛引用。我猜测它们之所以被大众所接受是因为这部分内容少讲枯燥的数学，而是更强调直觉，至少有许多博主或是读者也是这样认为的。但是作为一个充满激情的作者，我相信这些部分只是一个热身和模糊的概念。后来，我在确认了这些想法的正确性后，开始了本书的写作。

但在我讲述那些奇闻轶事之前，我必须指出"自然直觉"实际上有些不太适合用在反馈控制系统中，这是因为人与自然界之间的关联是对相位的概念不敏感，所以，为了能够在反馈控制理论中建立起直觉思维，我们的确需要大量的数学分析过程，这样我们才能依赖并理解得更多。所以，在本书系列的第二部分中，我还将会对开关变换器进行数字化反馈理论分析。抱歉，我将不得不深入地讨论一些数学分析，但我确信它们是明智、审慎而且必需的。我不喜欢将数学工具拿来来自娱自乐，我不想仅因为怀疑其他人的能力，而让自己沉迷于推导那些成千上万的公式与方程中，然后又以出现大量的错误而告终。我喜欢做的是将所有方程输入进我最喜欢的工具（Mathcad）里面，然后将它们图形化画出来，再进行合理性检查，这其中包括自洽性检查。这样，我可以马上察觉那些在相关文献中没有发现的错误或是输入错误，并很容易地更正它们，这是快速且更加高效的。另外，我的初衷是不想吓倒我的读者（写一堆数学公式会吓倒一堆人），作为一个老师，我衡量我的成功在于你如何最终从我的书籍中受益，而不是等你设计出的电源发生故障冒烟后，并通过这种方式来变得博学。

那么，回到我早年的故事，2013 年 1 月 23 日，一些有趣的事情发生了。我收到一张来自于 Ray Ridley 博士（著名的开关电源专家）的便笺，他那时候生活在法国的某个地方。他说道："我想送您一份免费的 Power 4-5-6 仿真软件并期望得到您使用后的反馈，我很重视您的意见，请告诉我它是否对设计工程师是很有用的，或是还有什么需要改进。所以，您是否能花一些时间来试用一下（点下软件中的几个按钮）并给些建议"。我感到很荣幸，当然，Ray Ridley 只是希望我在 Power 4-5-6 软件（基于 Excel 软件开发的）的 GUI（图形用户界面）上给出点有用的评论。也许通过我的验证和证明会帮助他推广这个工具。然而我有点自私，我正处于我的第六本书的写作过程中，它也是我的第一本书的第 2 版。我想我可以用免费的许可来检查我的方程式是否正确。所以我就在他的 Power 4-5-6 软件第一个使用界面开始，并输入所需的极点和零点位置——即按照通常的实际上 LC 双极点的位置放置两个零点。极点在哪里，就放一个零点在哪里，这样如此等。它快速计算出来了 5 个补偿元件的值。然后，我将它们与我的方程组的值相比较，其中三个值是完全吻合的，其中一个基本上吻合，但是另一个根本不存在。与我书中的方程相比，它们缩放了

2 倍。当然，你可能会说这并不是太大的误差。但是实际上，因为每个值都是对数，在最坏情况下，它可能将穿越频率改变 2 倍。而进一步，如果你仔细看的话，每个补偿元件的值是一个极点和一个零点的一部分。==这意味着只要一个元件计算错误，那么所期望的零极点位置有一半就是错误的。==

　　我最初觉得它一定是哪里出错了。毕竟，这是 Ray Ridley 博士的产品。但是这实际上在 Power 4-5-6 另一个界面写道：输入由计算表格得到的元件的值，并确定极点和零点的位置。这是一个认真调查的过程。得到足够的确信后，利用我之前看到的错误的界面，最终的零极点与输入的零极点不相符，而与我书的公式无关。所有的步骤都是在 Power 4-5-6 里进行的。但是如果用我书中的公式去计算并更正这两个错误的元件值的话，随后 Power 4-5-6 的自检查功能又显示是正确的了！

　　简而言之，我在 2013 年 2 月 1 日对 Ridley 博士就这个事件向他反映了一下，就在第二天，Ridley 回信给我说："我认为我有必要改下 Power 4-5-6 软件了，呃，25 年以来没有任何人注意到这个问题。我想我周末不能休息了！同时你有没有关于 2 型补偿网络的原理图？"

　　我将我的这些发现，当然还有原理图发给了他，并安抚他说犯错是人之常情。在 2013 年 2 月 10 日，他重新发布了更正版本的 Power 4-5-6（这个更正版本基于我《精通开关电源设计》一书第一版中的公式）……虽然它间接地表达了对我所做贡献的致谢。但事实是，他仅仅是将他的软件公式与我的书籍公式保持一致，这样他更改软件比我更改我的已出版的书籍更为容易。很好，为什么他需要与我保持一致呢？

　　对于这个事我感到很震惊，为什么一个付费的软件存在一个这样严重的错误且长达 25 年之久没有被人发现，虽然最后是被我发现了。成千上万忠实地使用此软件的客户不仅参加了 Ridley 博士昂贵的研讨会和培训讲座，同时也向他购买咨询服务。最后，我仅仅是免费地给 Ridley 博士提供了我书中的公式。这只花费了我周末数小时的时间，所用的书就是放在我身边的我最初的第一本红皮书。它也就放在我的小狗 Maltipoo 旁边。

　　你将会看到，特别在第二部分开始后，公式会讲得更多。最后我会揭示一种功能强大的数字补偿技术用来显著地提高动态响应性能。同时，我也会以一种独特的方式来讲解控制环路理论中的 PID 参数，读者也会更容易理解这种可视化的解释，并熟练掌握这种技术。

　　谢谢这些年来你们给予我的极大的帮助，并希望你们对此书感兴趣。

Sanjaya Maniktala

2015 年 10 月

致谢

在这里我必须特别感谢我的一个热心读者，他指出了我的一些文字录入错误，以及我前面书中的一些小错误，他就是来自于意大利的 Nicola Rosano。

同时这些年来，我得到了许多忠实读者的支持与帮助，他们来自于全球各地，请允许我在这里提及他们之中的少许名字：Swaraj Kali, Navroop Singh, John Lee, Ajit Narwal, Eric Wen, Malhar Bhatt, Ashish Deshpande, Amit Tiwari, Ken Coffman, Robert Gendron, Achim Döbler 以及 Karan Goel，谢谢你们一直以来的支持。

我也会永远记住，如果我几十年前在没有在孟买遇到 GT Murthy 医生的话，这一切将不会成为可能。

我也要感谢我的妻子 Disha Maniktala，一直在我身边支持我，让我做我最擅长做的事（当我试图去做我不会做的事情时，有时她会阻止我，不过经常没有成功）。

0. 介绍

当我们在寻找一些入门级的控制环路理论相关资料时，经常会迷失在各种近乎自相矛盾的资料描述中。在各种书籍中我们会看到这样的说法：高的直流增益可以减少干扰带来的影响，因此我们需要增大直流增益。而紧接着，我们又会看到：高的直流增益也会导致振荡，所以需要减少直流增益。

这简直完全令人不知所措！

这里还有另外一个例子，高的直流增益有利于优化负载调整率，但是动态电压定位技术也能提高负载调整率，基于此，我们又需要降低直流增益。

顺便提一句，记得同时将相角裕量保持大于 45°，最坏情况时要保持 50°。详见：http://www.ridleyengineering.com/loop-stability-requirements.html。

但是，相角裕量只需要大于 0° 即可以避免振荡产生。在实际情况中，减少相角裕量，系统响应更加快速，所以又需要减少相角裕量。

当你刚刚信心满满以为掌握了这些要点的时候，突然间，你又会听到某些人会宣扬 75° 或是 76° 的相角裕量，这种需要是为了和 Q 值（品质因数）等于 0.5 相一致。为什么 Q 值现在以这种方式突然蹦出来？参见：http://powerelectronics.com/power-electronicssystems/transient-response-countswhen-choosing-phase-margin 以及 http://www.ele.uri.edu/~daly/535/margin.html。看来问这个问题无关紧要：Q 值与相角裕量之间到底是什么关系？ 更不用提及实际测量的过冲和 Q 值的关系，或与相角裕量的关系。难道我们经常在理论上所说到的相角裕量或是 Q 值，是仅基于仿真的值吗？也许甚至是实验室测试结果，即便存在不确定、不可控、差异化很大的情况。因为它们与工程指导得到的最优化的 Q 值和相角裕量之间存在不小的差别。

我们同样可以这样问：如果从电压模式控制（VMC）转换到电流模式控制（CMC）时，这个优化的相角推荐值真正会有多少的改变呢？它对于变换器的 L 和 C_{OUT} 的选择的依赖性有多大？或是与：连续导通模式（CCM）和非连续导通模式（DCM）？以及整体的拓扑相关性如何？换而言之，如果我们面对的是一个升压或是升降压变换器，而不是降压变换器，这个推荐的相角裕量仍然是 45° 吗？或是 76°？为什么是这样？

这些问题，都是在我们刚刚踏进神秘的控制理论大门前所遇到的令人困惑的问题。

我们也许会碰到这方面的一些"专家"。他们可能会这样说：闭环系统的增益称之为闭环增益。但是我们实际上感兴趣的是开环增益，因为它能够反映出一个闭环系统的稳定性。所以我们进行波特图测量，不经意地，得到的是开环增益的曲线。

是的，我们实际测量的系统环路是闭合的，而不是开环的。

如此等等，我们怎么样才能深入这像泥潭深渊一样的控制环路理论之中呢？

真相是：控制环路理论的确是一个有挑战性的课题。即使是经验丰富的硬件工程师，目前已经习惯于处理那些实验台上实际存在的产品，现在必须拿起纸和笔像物理学家一样来开始研究。他们会马上开始全力以赴地投入研究分析，可以在虚平面，s 平面，以及 z 平面之间毫不费力地来回跳跃，并可以在时域与频域之间进行无缝切换。如果这还不够的话，他们需要接受的事实是现在频率不仅是负的而且是虚数的——无论它意味着什么！所有的这些会让以前在学校里所学的物理学知识和所残留的最后一丝物理直觉彻底湮灭。

如果现在直接将一般的控制环路理论应用到开关变换器上面，而不是完全理解从其他经典的论文或是资料中吸收过来的理论，这会让事情变得更糟，现在需要重新评估所有的情况。其中一个原因是开关变换器本身是离散的、数字的，而不是我们假设的那样是连续的。这是因为我们实际上在实现控制的时候，是对离散的控制信号，离散的脉冲以开关频率的速率进行更新控制。纯粹的结果，直观地表达出来就是，误差信号不需要同步地进行采样和同步地传递以给予纠正并执行——它本身就存在延时。这会产生几个很重要的结果，其中一个就是我们必须将控制环路的带宽至少降低到开关频率的五分之一。否则，我们可以理所当然地期望得到一个足够高的系统带宽，为什么不呢？

1. 从空调控制系统到闭环开关变换器

传统地，对于闭环控制系统的分析是通过一个普通房间的空调系统来作为参考进行介绍的。在这个例子中，恒温器的"设定点"，或称之为输入（相对于控制环路系统而言）一般指代为"IN"点。而这个闭环系统的输出，也就是"OUT"点，是房间的温度。利用热电偶或是传感器，放置在某个位置用来监测房间里的温度。误差可以认为是设定值（设定温度）与输出值（实际温度）的差值。系统采用负反馈作为调节校正方式，如果房间里的温度高于设定值的时候（房间里太热），冷空气会被压缩进房间里来降低温度（减少误差）。如此这般。

我们感兴趣的事是像这样：如果当误差的温度是15℃的时候，冷空气压缩进入房间的速率是多少？如果温度误差跌到5℃呢？是不是冷空气的速率是同样成正比例地下降？如三倍？或是它仅还是以同样的速率来抽取冷空气，然后简单地在它认为是误差降到零的时候关掉压缩机。

记住，在传感器检测或是系统响应的时候，会存在严重的延时。可能是由于传感器或是吹风机的热容值不是零，更不要说整个房间里的物体了。这种情况下，房间里的温度可能会出现下冲，即房间里的最终温度会低于设定温度。在有些情况下，系统可能会抽取热空气而不是冷空气，这样会导致温度出现过冲，但是令人高兴的是随着时间推移这个误差会逐渐减小，所以最终房间的温度会稳定在设定值。

但是可能会存在一个可以量化的"稳态误差"。即可能在最终残留1℃或2℃的误差。除非系统可以检测到这个误差并试图纠正。换句话说：如果系统有一个高的增益，增益简单地用 Δ（OUT）/Δ（IN）表示。所以 Δ（OUT）是基于一个有限的数值，而非无限的数值，同样 Δ（IN）也是有限的数值，非零的。所以增益总是有限的。

现在来看，如果某个人暂时打开一扇门或是窗，这可以认为是施加了一个小的扰动信号，系统会很快地进行校正。在这种情况下，我们会问校正调节的速度怎么样？或是如果我们将恒温器的旋钮拨动一点点的话（在系统的输入产生波动），会发生什么？房间里的温度需要多久才能建立稳定——这称之为建立时间。如此这些等。

在图1-1中，我们给出了一个基本的控制环路表现形式，它作为本书的开始，作用于一个简单的降压型开关变换器。这和上述的空调系统有些不同，下面会详细解释。

在通常的控制环路理论中，输入节点在功率变换器里是指参考信号，输出信号将与这个参考设定值进行比较。系统的闭环增益现在是 Δ（OUT）/Δ（REF）。OUT节点在控制理论里是用来反映功率变换器的VOUT。尽管有些通常的误解，控制环路的IN并不是功率变换器的输入VIN，它是控制系统的输入，如REF信号。

同样，一旦开关变换器工作后，我们并不会真正拨动恒温器/参考点。所以这些被经常引用的闭环增益，虽然的确写入了环路控制理论的教科书里面，但对于开关变换器而言基本上没有任何意义。在开关变换器中，最初我们感兴趣的"输入"，其本质上是扰动，这在整个闭环系统中很多个位置都存在，如输入或是负载的变化。所以我们必须从更广义的水平上去理解，扰动如何才能被衰减、被抑制（而不是被放大），这取决于扰动的位置，这和调节恒温器并不是一回事。

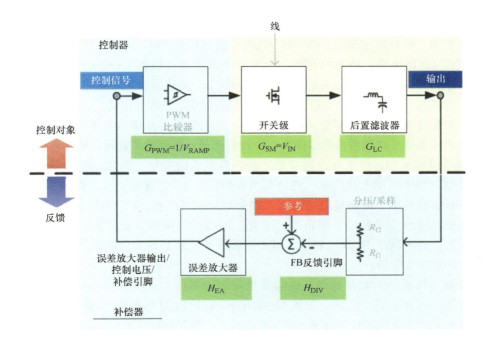

图1-1 开关变换器中的环路控制

控制对象或是控制过程，在通常的环路理论中是指整个模块，它由三个级联的模块组成：PWM 比较器，开关变换级和接下来的后置（LC）滤波器。

但是，开关变换器的功率级，由定义可知，传统上仅是包括开关变换级和 LC 滤波器，所以控制对象是缺少比较器的。比较器虽是控制对象的一部分，但是被认为是变换器的控制环节，因为它不包括功率级元件，只是信号级的元件。

补偿器在控制环路理论中通常是一个误差放大器，以及其他一些反馈元件（通常是一些小信号的电阻 R 和电容 C）。而控制理论中的传感器（如恒温器控制系统中的热电偶），一般是指功率变换级的电压分压器，但它在实际中的作用更复杂一些。

控制目标点在两个举例中都是一样的，但是在通常的控制理论中，它实际上被称之为控制量，而在功率变换中它被称之为控制电压或是误差输出（误差放大器的输出：EA OUT）。

现在仔细看图 1-1，可以看到整个控制过程是基于负反馈的，所以如果输出增加的话，系统会试图快速把它拉低，这就是为什么在相加模块那里看到的是不同符号的原因。

要注意，在一些相关文献中，相加模块有时表达成为一个圆圈中加一个乘号而不是一个加号，这会让人感到困惑。这些很可能让你不得不放弃控制环路理论的学习，而把它们交给那些"专家"来处理。

我们会经常用增益符号"H"来代表反馈环节，"G"代表控制对象。但是在有些文献当中，恰好是相反的，即"H"代表控制对象而"G"是补偿器。所以要注意，有时"G"是用来指代所有的环节（包括控制对象和补偿器）。有时也用"K"来表示，如老的 Unitrode 公司的应用指导里。或是"A"来代表控制对象而"β"指代补偿器，有许多类似这样的表示方法。要注意这些名词术语带来的混淆。

需要记住的最重要的事情是在图 1-1 中，我们假设变换器是由多个级联模块组成的。这意味着每一级的增益可以作为一个独立部分，然后净增益就是所有各个独立级联模块增益的乘积。但实际上这只是一场白日梦式的空想。例如，在 Buck 拓扑中，整个控制对象中实际上我们唯一能分离出来的就是 LC 后置滤波器。而在 Boost 或是 Buck-Boost 结构中，即使我们忽略掉 L 或是 C 的相对位置，LC 滤波器这一级实际上仍然不能从系统中单独地分离出来，因为 L 和 C_{OUT} 之间的节点是连接在开关管（二极管）上，这不同于 Buck 电路，所以不能够将滤波器从开关功能里分离出来。应该说至少不是那么容易。

如在《精通开关电源设计》这本书里指出的那样，http://www.sciencedirect.com/science/book/9780123865335，按照 Midddlebrook 提出的标准化模型（参见：http://ecee.colorado.edu/ecen4517/materials/Encyc.pdf），我们的确可以将 Boost 和 Buck-Boost 的 L 和 C 剥离出来作为一个独立的 LC 滤波器，但需要引入一个"等效电感"的概念，即 L 等效为

$$\underline{L} = \frac{L}{(1-D)^2}$$

而对于 C 来说，仍然还是输出的 C_{OUT}。基于此，对于非 Buck 类的拓扑的传递函数的详细推导，可以参考：

http://www.sciencedirect.com/science/book/9780123865335

分压器同样也不是一定能够分离成为一个单独的增益模块。在图 1-2 中，我们可以看到在传统的误差放大器里，分压器的下端电阻是如何被移除的。它仅仅只是一个直流偏置分量，并没有连接到交流响应上面，而交流响应才是我们真正关注的。换言之，如果我们从控制环路的观点来看，这个分压器根本没有包含在控制环路里面。但是，如果我们用的是一个跨导型运算放大器，分压网络此时的确成为了某个增益模块的一部分了。

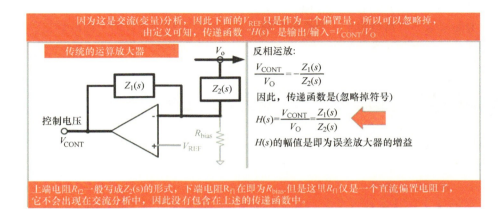

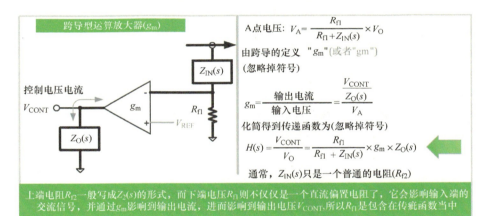

图1-2 分压网络是否可以看成单独的一级?

2. 回忆:Unitrode 1996 的研讨会

对于经验丰富的电源研发工程师,之前提及的细微差异是很微妙的,好像在玩 Bricks 游戏一样。这可能真的会让他们感到惊讶,因为他们总会去学习那些仍然经常被遗忘的细节,或是至少定期地去回顾。但是还是有一些专家他们并不会因此而感到特别奇怪,他们知道会发生这种情况,并在很早以前就试图告诫那些刚刚崭露头角的电源研发工程师们这些细节。但是谁愿意听呢?谁又听进去了呢?

政治上的错误,考虑到他们其中一些人说的:有许多自称的"专家"其实并没有很懂这个。其中一个最值得怀念的预言家就是 Lloyd Dixon(Unitrode 公司的员工,现在属于 TI 德州仪器)。在 1996 年于德国召开的 Unitrode 电源研讨会上,他演讲了其论文《控制环路手册》。在这个会议上,作者特许可以参加会议。就在第二天,

Bob Mammano，现在他被称之为"PWM IC 工业之父"，发表了主题为百万级处理器的能源供给——加强动态能源管理的演讲。

Dixon 毫不留情地写了一个简短的摘要，这看起来更像是政治正确的修正，其部分演讲内容重新加工编写如下：

http://encon.fke.utm.my/nikd/Dc_dc_converter/TI-SEM/slup113.pdf

教科书上从来没有告诉过你的有关于控制环路的问题

为了建立起开关电源拓扑的小信号与线性化模型，很多人付出了大量的努力，过去很长一段时间，有成百上千的论文是关于这些模型的。学术里的"母亲"，不管她是谁（注意到政治上正确的性别模糊化），一般都只是关注于新的拓扑或 / 和线性化模型。

不要小看这些努力，这些贡献是非常巨大的而且是非常必要的，并且这样说一点也不夸张。在这里我们缺少一种方法，试图将一些只有在开关变换中的现象强加在线性等效模型里面（这样有时得到的是不确定的结果），我们不能一味地一看到开关模型就想着把它变成线性化模型，而是要想想我们到底需要的是什么，所以这里需要一种方法使得我们能够来判定到底是否需要或者是否适合用线性化等效模型来分析。开关电源里很多严重的问题并不会反映在频域模型里，或是平均化的时域模型里，除非这些问题是提前预知的并呈现在模型当中。在时域下用开关模型来进行仿真，虽然速度慢，但能揭示那些可能在频域中会被隐藏的问题。

——Dixon

也许沿着这条路的某个地方，一些经验相对不足的工程师会陶醉于他们能够熟练地处理拉普拉斯变换等，因此最终会轻视这些微妙的方面。或是也许他们的仿真结果没有揭示出他们认知的极端情况，因为他们采用的是小信号平均化模型或是等效线性化模型来开始分析的，然后这最终证明是一个自我实现的预言，即：如果你没有意识到你是处于黑暗中，并忘记带手电筒的话，你是无法在黑暗之中看清真相的。

3. 将控制环路理论引入实际的开关变换器中

我们必须铭记于心的是，控制环路理论能够适用于开关变换器的条件是：功率变换这一级是经过合理的优化处理后的结果，这样它不会成为一个容易出错的环节。否则的话，我们在接下来的频域变换中所有的辛勤劳动都白费了。

例如：图 1-3 所示，它是来源于厂商的一个瞬态响应波形，具体可以参考：http://go.intersil.com/lp-stable-power-supply.html。

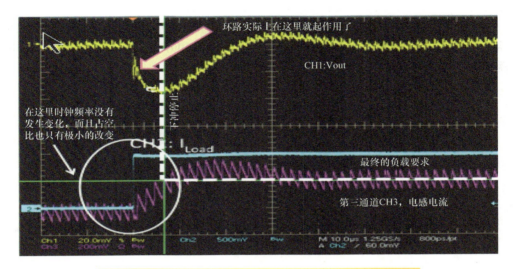

环路实际上在这里就起作用了

CH1:Vout

在这里时钟频率没有发生变化，而且占空比也只有极小的改变

CH1: I_Load

最终的负载要求

第三通道CH3，电感电流

图1-3 典型的负载瞬态变化以及电感电流波形（INTERSIL）

此厂商同样提供了相应电感电流的波形，这很有帮助，但他们平常不会提供这样的波形。如果你仔细盯着看的话，会发现这个图是非常有启发性的。

图1-3中第一个有意思的事情是：（输出电压）下冲在转换方向的时刻恰好是电感电流达到最终期望值的时刻。所以这意味着电感才是实际上的阻碍因素，而不是控制环路。当然，在转换点之后，因为这是一个电压模式控制系统，所以电感电流的确会出现一点过冲，和观察到的输出电压过冲相一致。从某种意义上来说，电感电流有一定的"动量"，但是经过少许振荡后，系统最终走向稳定。

但是，只是基于下冲停止于电感电流达到稳态值时刻这个情况，整个响应（下冲）是由功率级主导的，而不是控制环路主导的。这意味着任何我们针对环路控制所做的努力最终都会以失败告终。

实际上，控制环路在最大下冲（最小电压时）很早之前就开始动作了。再回去看图1-3，这实际上是一个环路设计得很不错的系统，控制环路在三个或是多个开关周期后就切入了。

我们可以从这个图1-3上看出，当控制环路切入后，控制环路一定会试图发出校正信息，但是奇怪的是，却没有明显或是急剧的变化发生，至少不是马上就发生改变，这是为什么？其中一个原因可能是系统架构上存在限制。的确，在电压模式控制（VMC）中，存在一些本质的缺陷，即因为电感电流"动量"的存在。但是除了这个之外，VMC仍是当今一个比较好的选择，特别是带有输入前馈的VMC（后面会详细讨论到），它可以与电流模式控制（CMC）方案相媲美，因为对于CMC，现在我们知道它固有的一些缺陷，如次谐波稳度性差，对噪声敏感等。所以CMC正逐渐离我们远去。

注意到滞环控制器在这方面表现得十分好，但是它是频率变化的，特别是在瞬态变化的时候。所以，我们需要验证它们在系统层面上的可接受性。

上面提到的架构的限制是什么？好吧，为了优化所有电压模式控制型 Buck 变换器，我们需要一个最低的要求：就是它能够十分接近 100% 的占空比——这样电感电流可以快速建立起来，如图 1-4 所示。

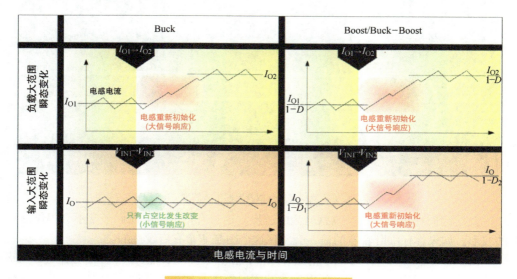

图1-4　电感电流重新初始化问题

接近于 100% 占空比对于 Boost 以及 Buck-Boost 拓扑而言是致命的，这是因为这两个拓扑是需要利用非零的开关管关断时间来将能量传输到输出端。如果不能够提供一定的关断时间的话，输出将会持续下降，而不管电感电流的建立。这个现象即为右半平面（RHP）零点造成的。RHP 零点在 Buck 或是 Buck 派生拓扑中（如正激变换器）是不存在的，但是存在于 Boost 和 Buck-Boost 拓扑，以及它们的派生拓扑里，如反激变换器。

我们能做的另一件事情就是对于一个瞬态变化，改变时钟信号（需要的脉冲数）来得到更快的响应速度，如果改变时钟频率能够接受的话，那还是不错的选择。这即是滞环控制器的作用效果。

遗憾的是，从图 1-3 上面我们看不到任何征兆，无论是需要的脉冲数量（非周期性的开关管导通），还是达到最大占空比。这可能部分地解释了输出电压波形的改变是很缓慢的，尽管此时控制环路已经切入了。

或如前面所提示的那样，也许简单的就是电感量太大了。

但是，它还有另一种可能的原因：这个功率级设计得也很好，而且占空比也确实能够接近 100%，但是它实际上没有达到 100%，至少是没有足够快！那么现在出现这样的提示可能是反馈级设计不太好，即带宽不好。但是我们看到在这个例子中，环路确实在三个开关周期后就起作用了，这是对的！所以带宽设计貌似不是元凶。从而我们得去考虑其他因素。

这类输出响应的结果如图 1-5 的下半部分所示。我们不需要再来观察电感电流，注意看输出电压过 / 下冲处尖锐的边缘（与图 1-5 上半部分的波形相比）。这暗示它是一个与环路响应相关的问题，而不是因为受到了功率级的限制。

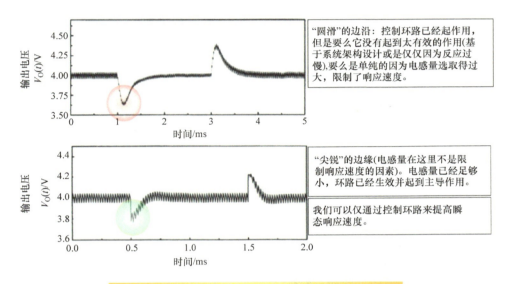

图1-5 输出电压的响应边缘能够揭示出很多有用的信息

但是在宣告胜利之前，我们要记住，这个特别尖锐边缘的输出波形必须对应的是一个大信号事件，如负载从零变化到最大。如果只是 80% 变化到 100% 负载的测试，因为这里我们使用的是小信号 / 平均化模型（Dixon 也告诫过我们小心这些模型），我们显然不能判断功率级是否是最优化的。事实上，我们不再处理现实世界中的开关变换器，而只是教科书上的理论。

图 1-6 显示的是一个典型的滞环控制器的响应，注意到环路所要求改变的脉冲信号，以及在输出下冲开始向上走的时候出现的尖锐的边沿。

所以，有个事情现在是很确定的了。为了让控制环路在大信号事件里能够起到作用，我们必须首先要优化功率级的设计，其中的一个步骤就是降低电感量。但是，像作者一直倡导的那样，让电流纹波率"r"接近 0.4 时，这的确是理论上正确的，这样的话很可能不必再降低电感量了。可以参考作者于 2001 年在国家半导体工作时写的应用笔记：

www.ti.com/cn/lit/pdf/zhca135 和 www.ti.com/lit/an/snva038b/snva038b.pdf

那么输出电容怎么办？

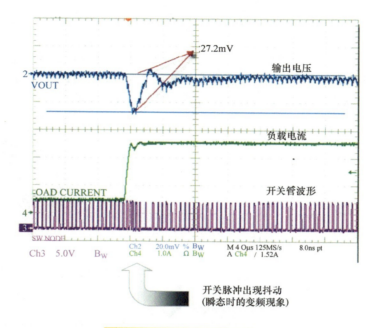

27.2mV

输出电压

2 VOUT

负载电流

LOAD CURRENT

开关管波形

4

3 SW NODE

Ch3　5.0V　B_W　　Ch2　20.0mV　%　B_W　　M 4.0μs 125MS/s　8.0ns pt
　　　　　　　　　　Ch4　1.0A　Ω　B_W　　A Ch4　/ 1.52A

开关脉冲出现抖动
（瞬态时的变频现象）

图1-6　滞环控制的输出响应

　　现在我们回到正题，来解决《精通开关电源设计（第 2 版）》一书第 19 章中例子提出的问题，并同时来揭示选择这个关键元件的重要性。结果显示在图 1-7 之中。基本上，对于这个电容的选择有三个判据，一个是纹波，在最大负载稳态时测得，这样的结果是得到最小的电容量为 5.2μF；另一个判据是基于过冲的大小，它是在断开负载时出现的，依据这个得到所需要的最小电容值是 22μF；第三个要求，我们有一定的环路条件，即输出电容必须能够提供至少 3 个开关周期的能量，以防止大的负载阶跃。因为在这三个开关周期里，事实上电感不能够提供足够的能量需求，它的电流波形会和图 1-4 中的电感电流波形一样摆动上升（后面会详细说到）。这样下来，在这个例子中，最小的电容值为 30μF，因此我们选择一个 33μF 作为一个最终值。同时我们还得考虑电容的温度系数和电压系数。

　　注意到在第二个判据计算过程中，不是采用 2.2μH 电感，我们用的是一个 4.7μH 的电感，这样最小电容量是 50μF，这会让环路要求的最小 30μF 电容量变得毫无意义。所以我们必须认真考虑电感量，不要选择一个超过推荐值的电感量。但是电流纹波系数 r=0.4 在这里还是合理的。

　　另一方面，如果环路设计得比较慢的话，需要的就不是 3 个开关周期而是 6 个开关周期开始起作用，我们需要相应地把最小电容量从 30μF 增加到 60μH，但这样会增加成本。

　　所以，与功率级优化设计一起，我们同样需要优化环路设计来达到最佳效果。

　　最终，除了在选择最优化功率元件之前一些微小的调整外，也不要忘记控制器的基本构架，因为它是我们应选择何种方式来优化的决定性因素。

基于输出纹波要求选择最小电容量和最大ESR
忽略掉ESR和ESL，允许的最大输出纹波要求决定了最小输出电容量的大小。所以有：

$$C_O \geq \frac{r \times I_O}{8 \times f \times V_{RIPPLE\_MAX}}$$

如果包含ESR，考虑到此时电容量C很大，故ESL可以忽略。所以最大的允许的纹波决定了最大的ESR值。

$$ESR \leq \frac{V_{RIPPLE\_MAX}}{I_O \times r}$$

基于允许的最大过冲选择最小电容量
这是另一个判据，当负载突然释放掉时，即从最大负载变成空载时，电感中的全部能量会注入到输出电容里。如果不希望这个超调过大的话（假设为V_x）。

$$\frac{1}{2} \times C(V_X^2 - V_O^2) = \frac{1}{2} \times L(I_O^2) \Rightarrow C \geq \frac{L(I_O^2)}{(V_X + V_O) \times (V_X - V_O)} \approx \frac{L(I_O^2)}{(2V_O) \times (\Delta V_{o\,vershoot})}$$

$$C_O \geq \frac{L(I_O^2)}{(2V_O) \times (\Delta V_{overshoot})}$$

此处我们选择一个近似值
$V_X + V_O \approx 2 \times V_O$ Also, $V_X - V_O = \Delta V$

基于允许的最大下冲选择最小电容量
一般的，对于一个设计得很好的环路，它会在3个开关周期之后环路开始起作用，并开始校正输出来满足负载突然变化的要求。在这个时间里，我们不想输出电容电压跌落到某一定值V_{droop}以下，因此，利用$I = Cdv/dt$，我们可以得到

$$I = C\frac{\Delta V}{\Delta t} \Rightarrow C \geq \frac{I \times \Delta t}{\Delta V} = \frac{I \times 3T}{\Delta V_{droop}} = \frac{I \times 3}{\Delta V_{droop} \times f}$$

这里的输出跌落是真正取决于负载情况，因为在额定负载时，每个周期内能量是满足要求的，并不会导致电压下降，所以这里电流实际上是负载增加的电流。
所以：

$$C_O \geq \frac{3 \times \Delta I_O}{\Delta V_{droop} \times f}$$

并且：

$$C_{O\_MIN\_1} = \frac{r_{VINMAX} \times I_O}{8 \times f \times V_{O\_RIPPLE\_MAX}} = \frac{0.4147 \times 5}{8 \times 10^6 \times 0.05} = 5.1834 \times 10^{-6}F$$

5.2µF **#1**

$$C_{O\_MIN\_2} = \frac{L \times I_O^2}{2 \times V_O \times \Delta V_{OVERSHOOT}} = \frac{2.2 \times 10^{-6} \times 5^2}{2 \times 5 \times 0.25} = 2.2 \times 10^{-5}F$$

22µF **#2**

$$C_{O\_MIN\_3} = \frac{3 \times (I_O/2)}{\Delta V_{DROOP} \times f} = \frac{3 \times (5/2)}{0.25 \times 10^6} = 3 \times 10^{-5}F$$

30µF **#3**

我们选择33µF的标准电容值（但是我们还需要考虑到电容的容差、温度、电压等系数，实际上可能会需要上面选择的值的2倍）。

注意：如果电感量是3.3µH,而不是上面计算用的2.2µH,由#2可知，得到是33µF而不是22µF。这会决定并主导电容的选择，所以要确保电感量不是过大。

图1-7　Buck变换器输出端电容选择判据实例分析

4. 开环和闭环增益

再次参考 Lloyd Dixon 的演讲内容，他说到：开环增益 T 是定义为沿着反馈通路的总的增益（不管环路在测量时是真正的断开，还是在正常工作时闭合的）。所以在我这里术语即为 $T=GH$，G 和 H 分别是图 1 中看到的各个级联模块增益之积。

同样的，Dixon 也说过：闭环增益定义的是输出与控制输入之间的关系，在环路闭合的时候。

实际上在这里，Dixon 是将参考 REF 作为控制节点，这会有点误导。除此之外，他说的参考节点是位于分压网络和误差放大器之间。但实际上并不是一直这样，甚至他假设分压网络可以抽离出来作为单独的一级，在实际中也并不是一直这样，如之前所述的。

这也是为什么要真正理解扰动如何在闭环控制系统中得到衰减，相比于没有反馈（开环控制）。这同样取决于扰动的注入点，在这个例子中，扰动是在参考点处（如之前所述，这实际上在开关变换器中没有实际的意义）。

为了解决这个普遍的误解所造成的困惑，我们再来重新看下开环增益的函数形式，这样也许会帮助我们理解。

参考图 1-8，取决于不同参考点扰动的位置，我们比较两种情况下，闭环增益如何影响系统的输出。

在图 1-8 中上方的例子中，我们首先意识到在输出端的任何改变，也就是 y 都会沿整个闭环系统通过顺时针方向传递。所以从输出端开始，我们跟随着信号传递的路径反向经过控制对象 G 和补偿器 H_c（逆时针方向），然后信号在求和模块的输出应该为 $y/(G*H_c)$。现在，从输出开始发现，顺时针方向，y 在经过检测环节后变成了 $y*H_s$。经过求和模块后，变成了 $y_{sp}-yH_s$。但是这也一定是和 $y/(G*H_c)$ 相等。因而，我们得到了图 1-8 中的表达式。

类似的，对于图 1-8 中下方的图，我们同样按照顺时针和逆时针两个方向分析，也一样可以达到类似的表达式。

我们可以看到，在两种情况下，我们都得到了同一个如下的表达式：

$$\text{开环增益} = \frac{y}{y_{sp}} = \frac{1}{H_x} \times \frac{T}{1+T}$$

而 H_x 是沿前向通道（顺时针方向）上的 y 与 y_{sp} 之间的净增益。

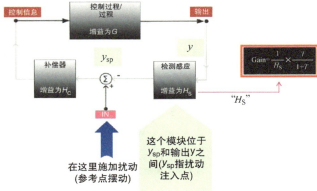

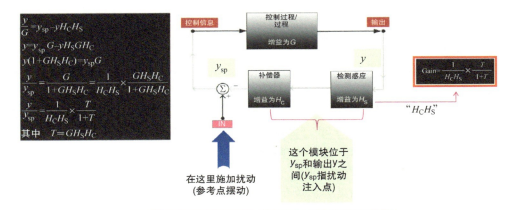

　　注意到 T 是简单的所有的环节净的增益，可能他们被认为是控制对象 G 或是反馈网络 H 的一部分。这会促使我们用一个很通用的推导来表述几个级联模块的闭环增益，这样我们就可以简单用的一个符号来指代所有的，如图 1-9 中的 G。

　　这个图 1-8 所说的是：

$$带有反馈的增益 \ = \ 不带反馈的增益 \ \times \ \frac{1}{1+T}$$

　　用传统的话来说：带有反馈的增益是闭环增益，事实上，不带反馈增益实际上应该看成是开环增益，因为这表示的是在没有反馈环节的条件下，参考 REF 的变化导致实际输出的改变。如果是这样的话，那么符号 T 称之为环路增益更加正确，因为它是一个闭环系统中所有级联模块的增益之积。

　　$1/（1+T）$ 称之为校正因子，这告诉我们闭环之后，可以将输出端的扰动减少到 $1/（1+T）$ 倍。

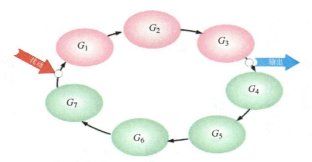

一般地，IN可以是任何输入扰动(输入、参考点等)，
他们从外部施加到闭环系统的控制对象和反馈上面

其对于输出的影响是：

$$\left.\frac{OUT}{IN}\right|_{无反馈} = G_1 G_2 G_3 \underline{\hspace{4cm} 没有反馈时的增益}$$

$$\left.\frac{OUT}{IN}\right|_{有反馈} = \left(\frac{1}{G_X}\right) \times \left(\frac{T}{1+T}\right) = \left(\frac{1}{G_4 G_5 G_6 G_7}\right) \times \left(\frac{G_1 G_2 G_3\ G_4 G_5 G_6 G_7}{1+T}\right) = G_1 G_2 G_3 \boxed{\left(\frac{1}{1+T}\right)}$$

这里T="环路增益"（如：$T = G_1 \times G_2 \times G_3 \times \dots \times G_N$）

校正因子

图1-9　对于任何一点注入的扰动，闭环增益通用表达形式

我们可以对这个校正因子做一个更详细的分析：

1. 对于直流或是接近直流，此时与相移没有关系或是关联度不大，T只是一个纯粹的实数（没有虚部）。如果T非常大的话，那么$1/(1+T)$接近为$1/T$。所以它可以将扰动在输出端的影响减小$1/T$，与没有反馈时候相比。至少在低频的时候，这可以很容易看得到的。

例如，在一个Buck电路之中，如果输入是10V，输出为1V，输出$V_{OUT} = V_{IN} * D$。所以如果输入增加一倍到了20V，输出也会增加一倍（如果没有闭环反馈的话）。以分贝（dB）的形式表达，即输出增加一倍（$20 \times \log 2 = 20 \times 0.3 = 6\text{dB}$），那么输出同样增加6dB。但是在交流分析时，增益为输出的变化量与输入的变化量之比。图1-10给出了正确的处理过程。

注意：看到当我们以分贝来表示增益的时候，相乘（各个级联模块）退化成相加了（以分贝形式）。同样，这里我们说的输入是指字面上的电源输入，而不是参考点。没有闭环校正时，在输入加倍的情况下，输出端有1V的改变。而引入闭环，它由于系统高的直流增益导致输出变化减少到只有5mV。

2. 高频时，如果$T = -1$，分子会变成0，这意味着我们在实际中会看到系统出现振荡，因为总是存在寄生参数的影响，会使输出不会真正上升到无穷大。

图1-10给出了正确的处理过程。

Input_Output_Gain$_{with\_no\_feedback}$=0.1

所以如果输入从10V跳变到20V，输出也将从10V×0.1=1V跳变到2V!

Input_Output_Gain$_{with\_no\_feedback\_dB}$=20×log(1)=−20dB

$$校正因子=\frac{1}{1+T}=\frac{1}{201}=5\times10^{-3}$$

校正因子$_{dB}$=20×log(5×10^{-3})=−46dB

Input_Output_Gain$_{with\_feedback\_dB}$= Input_Output_Gain$_{with\_no\_feedback\_dB}$+ 校正因子$_{dB}$

Input_Output_Gain$_{with\_feedback\_dB}$=−46−20=−66dB

Input_Output_Gain$_{with\_feedback\_dB}$=10$^{dB/20}$=10$^{-66/20}$=5×10^{-4}=0.5m

所以现在如果输入跳变10V，输出仅会跳变10V×0.5m=5mV
如果T更大的话，这个跳变会更小。

图1-10　直流稳态误差的简单计算

　　然而，我们需要知道T如何才能为−1。很简单的，在极坐标中用幅值和相位来表示，如$r\angle\theta$，我们可以写成这样的形式，T=1 $\angle$ −180°，这即是表示幅值为1且反相的信号。

　　所以我们可以看到，如果环路增益T等于1且相位是−180°的话，系统是完全不稳定的。为什么这会是一个问题呢？因为负反馈固有已经存在−180°的相移（如图1和图2所示的参考点处的符号），这样的话我们总共就得到了−360°的相移。这其实就是变成了同相，即扰动是被自我加强了，也就是我们常说的自激。

5. 系统不稳定性判据及其"安全裕量"

　　因此，我们这里得到了闭环系统的不稳定性判据：它取决于T，现在看来最好称之为环路增益，而不是实际上的开环增益（有些许误导）。所以在某个特别的频率点时，T=−1，这时扰动会沿着闭环系统并返回到注入点（以同样的幅值和相位回到开始的位置），所以它会让扰动加强并自发产生振荡。

　　$\|T\|$=1的频率（在0dB轴上），我们称之为穿越频率。如果在穿越频率处，T的相位为−180°的话，系统会是不稳定的。

　　注意到1996的Unitrode演讲报告，Dixon费了很大的力气来讲解为什么只在穿越频率处存在系统振荡的可能性。信号以相同的相位返回，并且其增益远大于1，而这样的系统仍然被认为是稳定的，为什么会这样？Dixon坦承花费了很多不眠之夜来想这个问题，最终以向量组的形式来解释推导出这样的系统不能闭合，因此不存在这样的系统，至少不会长时间存在。

　　但这的确将条件稳定这个可能性给抛弃了，对于条件稳定，工程上许多人对此有不同的看法。因为其中一个问题是，如果存在一个突然很大的负载阶跃时，电感需要时间重新建立起电流，或者说是误差放大器满幅，导致增益崩溃，然后会在某个点达到自我维持的振荡条件（如 $T=1 \angle -180°$）。

笔者会在后面部分描述条件稳定的情况并顺带提及，Ray Ridley 也完全淡化了这个概念。（参考 http://www.ridleyengineering.com/loop-stability-requirements.html?showall=&start=2），实际上它在负载瞬态变化时，对输出的振荡造成了很大的影响，并且应该被尽量消除。

Lloyd Dixon 同样对条件稳定提出了警告，但是更多的是从增益崩溃的各种原因，以及对应的振荡特性方向来说明。他没有将它关联到怎么提高的瞬态响应，但在本书后面我们会提及到。

为了表示距离不稳定还有多少的安全裕量，工程上创造并引入了相角裕量和增益裕量这两个概念。如图 1-11 所示，这被称之为波特图，它会告诉我们一切关于 T（环路增益，之前叫作开环增益）的信息。这就是我们所有想知道的用来保证稳定性的信息（如 Dixon 所提到的奈奎斯特判据，它是非常有用的，但只有存在多个穿越频率 f_{CROSS} 时才有用）。

波特图的限制性在于它的确没有告诉我们关于时域时的任何信息，如：由于任何输入线或是负载瞬态变化导致的幅值 / 频率的过冲或是下冲，或是甚至在参考电压处的摆动。这也是为什么任何与最优相角裕量相关联的说法仍旧很模糊。

如图 1-11 所示，我们可以从波特图上看到条件稳定的情况，但是我们还是不太清楚因为条件稳定会带来什么意想不到的后果，它是否应该被采取措施来制止，或是只是真正呈现的是一个"稳固"的系统，如 Ridley 认为的一样（可参考如下地址）：

http://www.ridleyengineering.com/loop-stability-requirements.html?showall=&start=2

我们一般会让环路增益 T 以 -1 的斜率下降，这样的事实说明了增益和相角裕量是内在关联的。也即为是 $-20dB$/ 十倍频程。注意到增益是以分贝（dB）来表示的，Gain（dB）$=20\log\|Gain\|$。所以这意味着增益在 10 倍频率变化下，也变化 10 倍的话，换成分贝坐标下，增益曲线是平坦的。这意味着我们设定环路增益是反比于频率的时候，这样会穿过一些转折点（在本例中转折点是 0Hz）。这是最常见的也是最容易处理的系统的波特图曲线，因为这反应的是一个一阶滤波器（只包含有一个无功元件和一个电阻）。这样的滤波器可以只产生 90° 的相移，所以还给我们留下了一个比较合理的相角裕量，大概为 180°－90° ＝90°。不过会有一些无功的寄生参数存在，我们最终得到的相角裕量可能要略低。或者我们有意地降低相角裕量，如通过将一个极点置于穿越频率附近，以及其他一些情况。但是一个二阶滤波器的环路增益曲线 T 可以立即提供 180° 的相移，这会导致不稳定产生，因为可能相移会是 0。所以 -1 的穿越斜率是我们追求的目标。

在图 1-12 中，我们可以看到在典型的情况下相角与增益之间的关联（基于我们期望的 -1 的斜率前提下）。但是一些无功寄生元件可能导致相角类似于图 1-13 一样变成向上的情况，这样我们无能为力。实际上来说，在这种情况下，没有办法来定义增益裕量，通常保证足够的相角裕量就可以了。

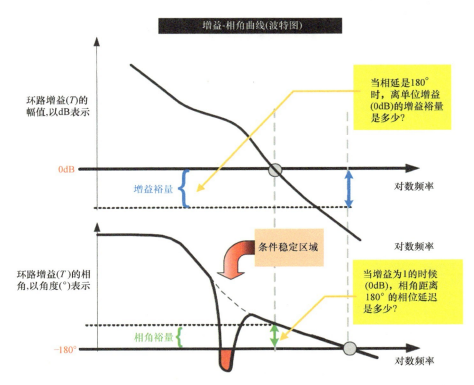

增益-相角曲线(波特图)

环路增益(*T*)的幅值,以dB表示

当相延是180° 时,离单位增益 (0dB)的增益裕量 是多少?

0dB

增益裕量

对数频率

条件稳定区域

对数频率

环路增益(*T*)的相角,以角度(°)表示

当增益为1的时候 (0dB),相角距离 180° 的相位延迟 是多少?

相角裕量

−180°

对数频率

由于负反馈固有的180°相位延迟存在,如果总在相位延迟达到360°的话,同时增益为1的,这样可能会导致持续的振荡产生。

图1-11　增益和相角裕量,以及条件稳定

相角裕量(°)	增益裕量 /dB	
20	3	严重振荡,相当不好的一个值
30	5	轻微振荡,不是太好的值
45	7	临界阻尼,最好的响应时间
60	10	通常合适的值
72	12	参考值,在闭环响应时没有尖峰

由 NH 公司提供:FRA 应用手册

图1-12　典型情况下,增益与相角的关系

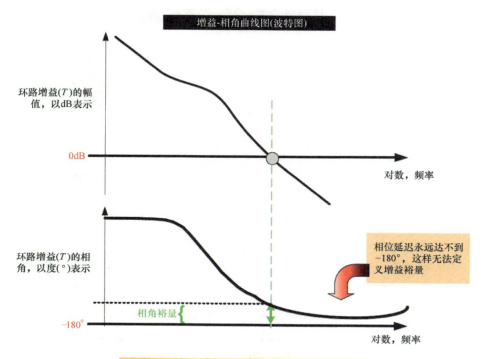

增益-相角曲线图(波特图)

环路增益(*T*)的幅值，以dB表示

0dB

对数，频率

环路增益(*T*)的相角，以度(°)表示

相角裕量

−180°

相位延迟永远达不到−180°，这样无法定义增益裕量

对数，频率

图1-13　在这个例子中增益裕量没有办法定义

6. 直流增益与稳态误差

　　我们通常会选择一个高的直流增益，然后在高频处开始下降，这样可以避免相位延迟导致振荡加强（同相）。因此，这定义了交流响应。但是如果能证实高的直流增益能够帮助将直流输出电压调节到目标设定值（参考值）的话，那会是比较可靠的。

　　在图1-14中，我们展示了这是如何工作的，将数字付诸于实践测试会让人更放心。它揭示了不可避免地存在一定的稳态误差，因为在实际情况中，直流增益不可能为无限大。

　　这会得到图1-15中所示的交流分析和直流分析结果，这用来强调我们最终正在试图做的事情。我们要时刻记住我们的关键目标，否则我们将失去方向。

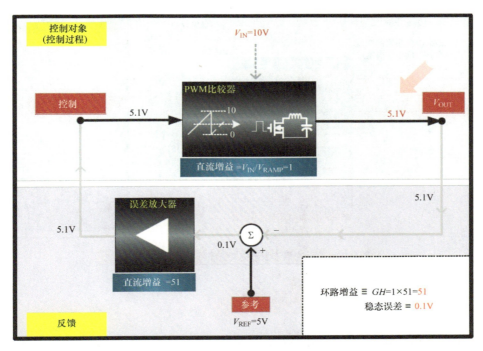

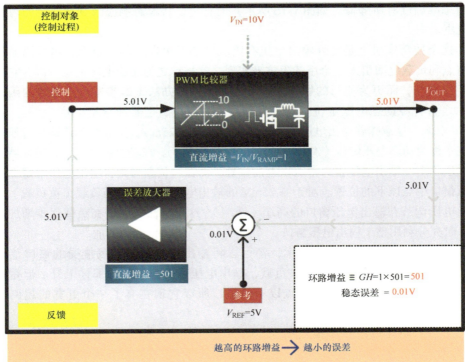

图1-14 直流增益和稳态误差的例子

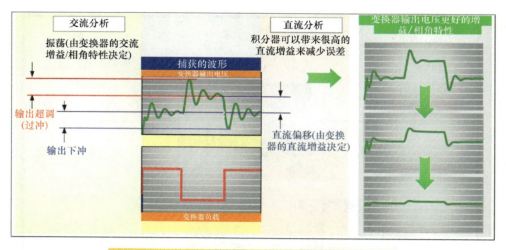

图1-15 对一个瞬态波形的交直流分析以及最终的目标

7. 动态电压定位技术

对于提高交流响应有一个小技巧，即通过牺牲一定的直流增益来获得。这虽然会使稳态准确度有所降低，如图1-16所示，但它可以将瞬态响应限制在一定的可接受的范围之内。

这个技巧本质上是允许输出电压在负载增加时可以跌落一点点，这可以通过在调节点和负载之间引入一个小的阻抗来实现，这被称之为无源电压定位。因为它必然会导致损耗，而更为流行的做法采用可变参考点的办法（即参考点是负载的函数），它称之为有源动态电压定位。对于处理器内核供电，通常要求准确度为2%。对于1.2 V电源，这意味着输出电压的允许变化范围为 $\pm 25mV$。更有效利用输出电压窗口的技术称为动态电压定位（Active Voltage Positioning）。在轻负载情况下，转换器将输出电压稳定在输出电压窗口中点以上的位置，而在重负载时则将输出电压稳定在输出电压窗口中点以下的位置。对于 $\pm 25mV$ 的输出电压窗口，在轻负载（重负载）时将输出电压调节在输出电压窗口的高端（低端），这种方法可允许在负载逐步增加（降低）时充分利用整个输出电压窗口。

无论采用哪种电压定位技术，都可以将输出电压控制在可接受的窗口范围之内，所以现在我们如果突然移去负载，输出电压也会像期望的那样上升。但是因为输出电压一开始就是在窗口中点以下位置，所以它现在有了一个更宽的超调允许范围。

有些人同样也表达了他们的观点，譬如可以允许输出电容减少等。可以参考www.linear.com/docs/5600。的确，但仅是在环路作为输出电容选择时的主导判据时才可以，如图1-7所描述的那样。

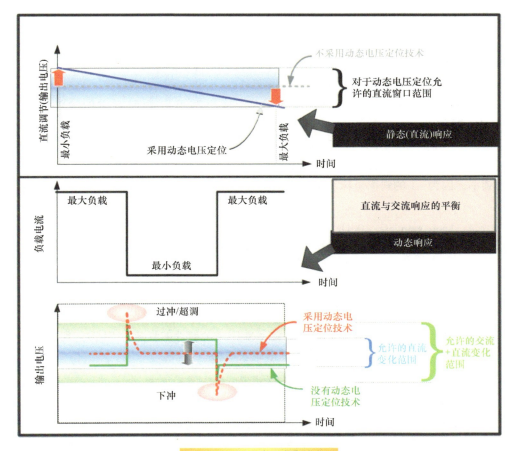

图1-16 动态电压定位技术

8. 输入纹波抑制

重新回到图1-10，我们用一个简单的数值例子，一个常规的Buck变换器来显示高的直流增益帮助减少输入端的变动对输出端的影响。现在我们想将相同的理论扩展到AC/DC电源里，来看看穿越频率是如何抑制输入电压的低频纹波而不让其出现在输出端的。

注意在这里，输入再次指代字面上的输入端，而不是参考，但是不得不承认，为了避免混淆，最好称之线电压或输入电压。

现在我们来看AC/DC电源，其输出纹波为100Hz（对50Hz全波整流）。假设这是一个有着同Buck变换器相似特性的正激类变换器，其占空比为30%，输入到输出

的传递函数能够提供的 DC 衰减为 $|20(\log(D)|=10.5\text{dB}$，因为 D 是关联输入和输出的因子，如图 1-10 所示。

但是本例中会有进一步的衰减，这是由匝比造成的，即 $N_{\text{PRI}}:N_{\text{SEC}}$ 等效为 20:1，这会提供有 $20\times\log(20)=26\text{dB}$ 的衰减。所以目前我们有净衰减，现在还没有反馈，为 $10.5\text{dB}+26\text{dB}=36.5\text{dB}$。考虑到实际中的因数，它等效的衰减为

Gain_attenuation$=10^{\text{dB}/20}=10^{36.5/20}=66.8$

这表明如果我们输入的纹波为 10V，输出端可以看到对应的纹波分量为 10V/66.8=150mV。

现在我们再引入闭环校正，假设整个环路增益 T 是差不多以 –1 的斜率下降，穿越频率在 50kHz。那么，系统在 100Hz 处的环路增益是多少？ 100Hz 处是我们感兴趣的频率，因为 –1 的斜率意味着呈反比例。

$$\frac{\text{Loop\_gain}_{100\text{Hz}}}{\text{Loop\_gain}_{f_{\text{CROSS}}}}=\frac{f_{\text{CROSS}}}{100\text{Hz}}\quad(\text{因为 } –1 \text{ 的斜率是意味着呈反比例})$$

$$\text{Loop\_gain}_{100\text{Hz}}=\frac{50000}{100}=500\quad(\text{由定义可知环路增值 }=1\text{Loop\_gain}_{f_{\text{CROSS}}}=1)$$

用 dB 表示，即为

$$20\times\log(\text{Loop\_gain}_{100\text{Hz}})=20\times\log(500)=54\text{dB}$$

因为校正因子是 $1/(1+T)\approx1/T$，这等效于一个额外的衰减为 54dB。现在我们得到净衰减为 54+36.5=90.5dB。以因子的形式表示为

$$\text{Gain\_attenuation}=10^{\text{dB}/20}=10^{90.5/20}=33.5\text{k}$$

这意味着如果输入纹波为 10V，输出端看到对应的纹波分量为 10V/33.5k = 0.3mV。这相对于没有反馈的 150mV 纹波而言有了极大的改善。

当然，为了得到实际的输出纹波，我们必须再考虑到来自于输出滤波器等的贡献。而这些只是额外的低频调制，它是叠加在高频纹波上面的。

9. 整个控制对象的增益

PWM 比较器是闭环系统中一个关键的增益模块，如图 1-1 所示。它的增益（传递函数）的输入是控制电压，而输出是占空比。

PWM 比较器基本上是将控制信号叠加在一个斜坡电压上，从而产生占空比（基于他们的相交点），如图 1-17 所示。因为控制电压是输入，而占空比（D）是增益模块的输出，我们可以从图 1-17 中简单地看到增益是 $1/V_{\text{RAMP}}$。斜坡越小，增益越高。同样，这个增益是与频率无关的。并且对于所有频率甚至延伸到开关频率或是更高的频率都是如此。这里同样不存在相角滞后，只是纯粹的直流。

脉宽调制(PWM)解释

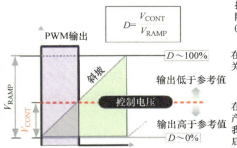

控制电压(V_{CONT}),即为误差放大器的输出电压,随着输出电压高于(低于)设定的参考值而下降(上升),它导致占空间比增加(减少)。

在电流模式控制CMC中,斜坡信号来源于开关管/电感电流的波形。

在电压模式控制VMC中,斜坡是由内部时钟产生的。如果斜坡是设计成正比于输入电压的话,我们就得到输入电压/线电压前馈控制,在书中后面会说到。

PWM模块增益是"out"/"in"=D/V_{CONT}=$1/V_{RAMP}$

注意:不是所有模块的增益表达形式都是电压/电压,如这里就是占空比/控制电压。

图1-17　PWM控制器的增益

再回到开关变换器:

对于 Buck 变换器:$V_O=DV_{IN}$,微分得到:

$$\frac{\mathrm{d}V_O}{\mathrm{d}D} = V_{IN}$$

所以,这是非常简单的表达式,对于 Buck 来说,占空比到输出的传递函数是简单地等效为 V_{IN}。它与频率无关,是一个纯粹的直流增益模块。

所有与频率响应相关的都来自于 LC 后置滤波器。

最终,对输出的控制对象传递函数是这三个级联传递函数之积,例如:它变为 $s=\mathrm{j}\omega$,$\mathrm{j}=\sqrt{(-1)}$:

$$G(s) = \frac{1}{V_{RAMP}} \times V_{IN} \times \frac{\dfrac{1}{LC}}{s^2 + s\left(\dfrac{1}{RC}\right) + \dfrac{1}{LC}} \quad （\text{Buck 变换器控制对象传递函数}）$$

LC 后置滤波器（第三项）我们会在后面进一步详述。在这里,L 是 Buck 的电感,C 是输出电容,R 是 Buck 输出端子上接的负载电阻。这只是一个大概的近似,因为我们忽略了输出电容的 ESR（等效串联电阻）,以及电感的 DCR（直流电阻）。换个方式,这个简化的控制对象传递函数可以写成如下形式:

$$G(s) = \frac{1}{V_{RAMP}} \times V_{IN} \times \frac{1}{\left(\dfrac{s}{\omega_0}\right)^2 + \dfrac{1}{Q}\left(\dfrac{s}{\omega_0}\right) + 1} \quad （\text{Buck 变换器控制对象传递函数}）$$

在这里 $\omega_0=1/\sqrt{LC}$ 是 LC 后置滤波器的谐振频率 / 转折频率,$\omega_0Q=R/L$,或等效为

$Q=R\sqrt{C/L}$。

10. 输入（线）电压前馈

在 Buck 或是 Buck 类开关变换器（如正激变换器）中有一种办法可以加速响应，即引入输入电压检测并正比例地改变斜坡电压，如图 1-18 所示。如果输入是增加一定的比例后，占空比自动地减少一定的比例——和 Buck 方程所展示的一样 $D=V_{OUT}/V_{IN}$，这表明即对于一个给定的输出，占空比反比于输入电压。

采用电压前馈技术，之所以称之为是输入 / 线电压抑制，这是因为输入线上瞬间变化（任何频率和速率）时，校正也是瞬间实施的。它既不要等待误差放大器检测到输出误差（含有 RC 补偿网络固有延时），也不必经由控制电压改变来响应。输入前馈控制实际上避免了所有的主要的延时，因此输入校正几乎是瞬间的。确实，控制环路最终会微调校正结果，但是由于线电压前馈的作用，绝大部分的校正早已完成了。

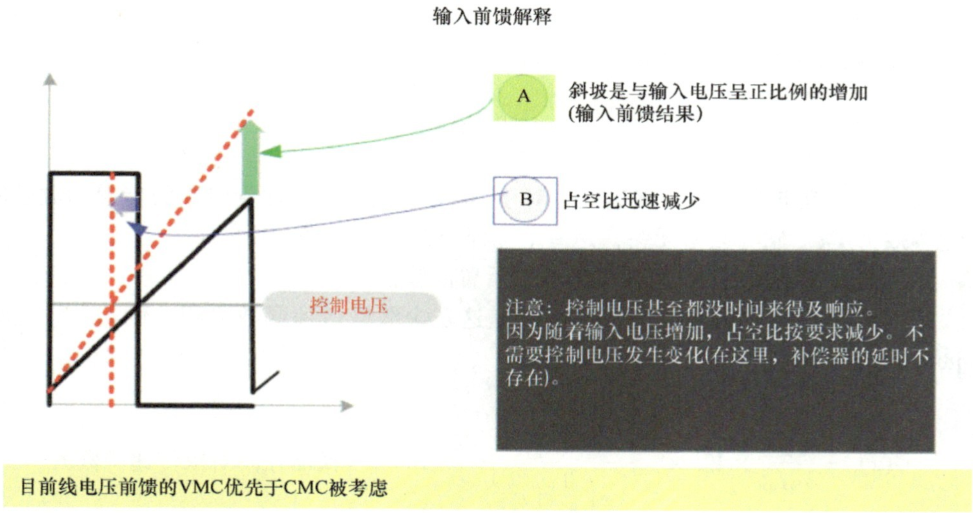

输入前馈解释

A 斜坡是与输入电压呈正比例的增加（输入前馈结果）

B 占空比迅速减少

控制电压

注意：控制电压甚至都没时间来得及响应。因为随着输入电压增加，占空比按要求减少。不需要控制电压发生变化(在这里，补偿器的延时不存在)。

目前线电压前馈的VMC优先于CMC被考虑

图1-18　输入电压前馈控制

11. 电流型 Buck 变换器的输入校正

对于电流模式控制（CMC）而言，一个经常提及的优点是本身带有输入扰动抑制功能。下面我们仔细来看看。

图 1-17 暗指 PWM 斜坡是由开关变换器里的固定的内部时钟人工制造的，这称为电压模式控制（VMC）。而在 CMC 中，PWM 斜坡本质上是开关管 / 电感电流的适当

放大，稍后会详细分析。

虽然图 1-18 中所描述的输入电压前馈技术只适用于 VMC 中，但是这个概念最初的灵感确是来源于 CMC，在 CMC 中，PWM 斜坡由电感电流产生，如果输入电压增加，斜坡也会自动增加。这部分解释了为什么 CMC 方式对输入扰动的响应似乎要比传统的 VMC 要快，这也是经常提及的 CMC 的优势之一。

但是，一旦采用了图 1-18 的方法，VMC 立即吸取并具有了 CMC 的优点。但仍然留下一个问题：与 CMC 内置自动输入线电压前馈相比，带有输入前馈的 VMC 到底要好多少？从后文可以看到仍是 VMC 要好。因为在 Buck 降压拓扑中，电感上升斜坡的斜率是等于（V_{IN}-V_O）/L。所以如果输入电压增加一倍，我们不会得到像期望的一样最终电感电流或是 PWM 斜坡增加一倍。这即是表明占空比也不会精确地减少到一半，因为 $D=V_{OUT}/V_{IN}$。但是，在带有前馈的 VMC 下，它的确如图 1-18 一样占空比会精确地自动减半。

换句话说，带有输入正比例前馈的 VMC，虽然灵感上来源于 CMC，但是在 Buck 里来说，VMC 比 CMC 提供了更好的抗输入扰动能力。所以，综合考虑后，带输入前馈的 VMC 控制要比 CMC 更好。

12. 其他拓扑的传递函数

对于 Boost 变换器拓扑，利用占空比方程，我们同样可以推导出开关变换器的增益表达式：

$$V_O = \frac{V_{IN}}{1 - D}$$

$$\frac{dV_O}{dD} = \frac{V_{IN}}{(1 - D)^2}$$

控制对象的传递函数是三个部分传递函数的乘积：

$$G(s) = \frac{1}{V_{RAMP}} \times \frac{V_{IN}}{(1 - D)^2} \times \frac{\frac{1}{LC} \times \left[1 - s\left(\frac{L}{R}\right) \right]}{s^2 + s\left(\frac{1}{RC}\right) + \frac{1}{LC}} \quad （\text{Boost 变换器控制对象传递函数}）$$

这里：$L=L/(1-D)^2$，如之前所述。这是等效后级 LC 滤波器的电感（标准化模型）。同样注意到电容 C 没有发生改变。还仍然是输出电容 C_{OUT}。另外，上述传递函数方程可以重新写成如下形式：

$$G(s) = \frac{1}{V_{RAMP}} \times \frac{V_{IN}}{(1 - D)^2} \times \frac{\left(1 - \frac{s}{\omega_{RHP}} \right)}{\left(\frac{s}{\omega_0} \right)^2 + \frac{s}{\omega_0 Q} + 1} \quad （\text{Boost 变换器控制对象传递函数}）$$

这里 $\omega_0 = 1/\sqrt{LC}$，$\omega_0 Q = R/L$。

从上面方程可以看到，在分母上，有一个奇怪的现象，即右半平面零点 RHP 零点，可以看到它存在于 Boost 以及 Buck-Boost 拓扑中，经过建模发现，它的位置位于：

$$f_{RHP} = \frac{R \times (1-D)^2}{2\pi L} \quad (\text{Boost})$$

类似的，对于 Buck-Boost，我们也可以得到：

$$V_O = \frac{V_{IN} \times D}{1-D}$$

$$\frac{dV_O}{dD} = \frac{V_{IN}}{(1-D)^2}$$

的确，这是一个有趣的巧合，Boost 中的斜率 $1/(1-D)$，和 Buck-Boost 拓扑中计算得到的斜率是一样的。

所以控制到输出的传递函数可以写成如下形式：

$$G(s) = \frac{1}{V_{RAMP}} \times \frac{V_{IN}}{(1-D)^2} \times \frac{\frac{1}{LC} \times \left[1 - s\left(\frac{LD}{R}\right)\right]}{s^2 + s\left(\frac{1}{RC}\right) + \frac{1}{LC}} \quad (\text{Buck-Boost 拓扑控制对象传递函数})$$

这里：$L=L/(1-D)^2$，这是等效后级 LC 滤波器中的电感（同样也是标准化模型中的结果）。

换种方式：

$$G(s) = \frac{1}{V_{RAMP}} \times \frac{V_{IN}}{(1-D)^2} \times \frac{\left(1 - \frac{s}{\omega_{RHP}}\right)}{\left(\frac{s}{\omega_0}\right)^2 + \frac{s}{\omega_0 Q} + 1} \quad (\text{Buck-Boost 拓扑控制对象传递函数})$$

这里 $\omega_0 = 1/\sqrt{LC}$，以及 $\omega_0 Q = R/L$。

注意到，对于 Buck-Boost，我们在分子中也存在 RHP 零点（灰色表示）。这个 RHP 零点的位置同样可以计算得到：

$$f_{RHP} = \frac{R \times (1-D)^2}{2\pi L \times D} \quad (\text{Buck-Boost})$$

13. 拉普拉斯变换

前面描述的一些意想不到的情况，和其他我们可能会遇到的一些问题，可以同样用更形象地可视化表达出来，即利用"令人畏惧的"的拉普拉斯变换技术。我们不应该感到不安，正因为这样，在这里我们会讨论得更多一些。我们也会利用这个机会来回顾、总结或是强调一些重要的经验教训。

克服我们对拉普拉斯变换的恐惧，最好的办法是要理解我们仅仅是简单地转换到另一种数学计算领域，从而简化计算。我们一直以来也做过类似的转换，如对数运算。见图 1-19 以及图 1-20。很大数字的复数乘法或是除法降阶成为简单的加减法。当然，我们还得依靠之前创建的表格，在对数平面里进行转换。所以在某种意义上来说，这些准备工作早就完成了，建立起来了对数和反对数表。这是因为回到常规的情况下，即在非对数平面，我们必须使用反对数或是逆对数表格。

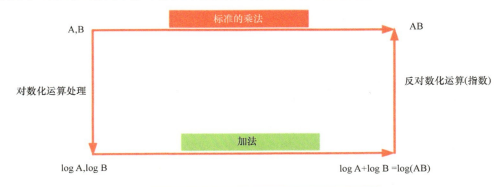

图1-19 利用对数可以简化很大数字的乘法运算

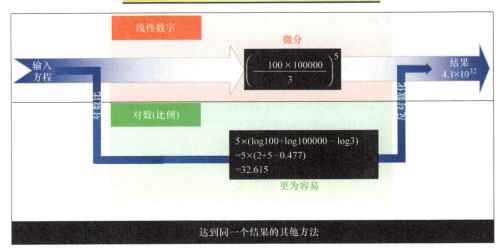

图1-20 对数平面的可视化

现在看图 1-21，对于拉普拉斯变换技术。这个图的本意不是想展示一个闭环控制系统。作为一个例子，想象一下，仅是一个简单的滤波电路，包括许多电容、电阻和电感。我们施加一个任意的输入信号或是脉冲激励，我们感兴趣的是在这个网络的输出端会发生什么。如果我们用微分方程来解决这个问题的话（时域），会发现这是十分复杂的。

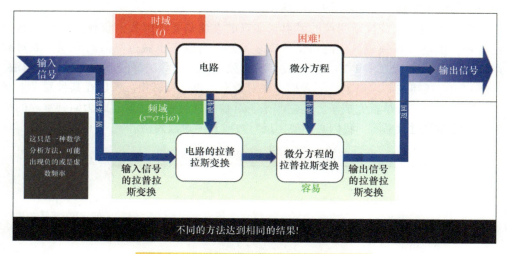

　　这同样表明了，利用另一个办法用频域分析或是 s 平面分析，如拉普拉斯变换，会使数学变得简单。但是再次证实了我们得依靠那些现已存在的表格，利用它们我们可以在新数值计算领域里自由转换。

　　通过拉普拉斯变换，我们真正想得到的是什么？本质上，我们将任意的、非重复的、时变的信号或是脉冲（扰动）分散开，形成一个连续的频谱，它包括正的和负的频率分量（如在频域）。这类似于著名的傅里叶变换技术，用来将重复的波形分解成为离散的（正向的）谐波信号。注意到分解方法是很简单的，因为我们在经典力学里经常将力进行矢量分解，分解成独立的 x、y、z 分量，然后在每个非独立的轴上进行数学计算，计算 x、y、z 分量的加速度，最终将它们矢量相加来得到加速度矢量。如幅值和方向。这也是我们正在进行拉普拉斯变换所用的方法，它和我们在高中里所学的傅里叶级数有些类似，除了现在分解的频率是一个连续的频谱外。我们将在下一章节里详细讨论。

　　总结起来就是：将图 1-21 所示的图看成一个简单的二端口网络，如几个电阻和电容的组合，而输入是一个时变的激励（电压或电流），我们试图推导出输出端的波形。通常我们会建立起复杂的微分方程然后来求解，但是，拉普拉斯变换的方法允许我们同时对电路以及激励信号进行拉普拉斯变换。这结果就是，电路问题就简单地变成了一个代数问题，这样我们可以对各个频率分量进行相加处理。最后，我们再利用反拉普拉斯变换将结果转换成时域里的表达式。这样的话，我们就可以得到期望的输出电压／电流波形。如前所述，之所以觉得是简化了，是因为复杂的拉普拉斯变换以及反拉普拉斯变换将这些枯燥的计算表格都已经提前完成了。

14. 理解延时（滞后）

通过拉普拉斯变换技术，我们可以看到一定的延时，在频域中可以等效成为相角延时，相角是频率分量的一部分。参见：

http://lpsa.swarthmore.edu/BackGround/TimeDelay/TimeDelay.html

如之前所述，在开关电源里，数据也不是连续采样和反应的。换言之，由于离散脉冲流的原因这会产生固有的延时，这也意味着当我们的处理频率接近开关频率时会增加相移。为了避免过早地出现不稳定，我们必须将穿越频率设置于开关频率的 1/5 还要小。

这是有意义的，因为关于相位（相角），除非我们在特定的频率下以及相关的时间周期里谈到它，不然是不相关的。我们现在做的就是这样，通过拉普拉斯变换来进行频率分解技术。

补偿器（反馈网络）同样会产生额外的延时，对应于相应频率产生的相移，这些本身的相移最终反映在控制对象对扰动的响应表现上。补偿器的延时相对来说更容易理解，因为反馈一般会包括电阻和电容。特别的，电容会需要一定的充放电时间（通过对应的电阻）来达到新的平均值。这不经意间导致补偿器的极点和零点，取决于补偿器的高增益误差放大器周边元件的分布情况。我们会尽快讲解 2 型和 3 型模拟补偿器的原理和设计。

从纯数学角度上来看，如果 $T=-1$，我们会得到完全不稳定的结果。直观的看来，存在这样的情形，系统是没有意识到是在试图对一个完全的延时校正命令产生响应，（如：理解成向上而不是下），因此会每一次都朝着相反的（错的）方向继续下去。延时的响应现在是正好半个周期，这里的周期指分解分量的"肇事频率"。这是一个完全不稳定的系统，即使系统自身没有真正的崩溃。

15. 其他拓扑中的大信号响应

如前所述，开关变换器中的绝大多数扰动或是激励并不是如假设的那样是小信号，而实际上是大信号。在这样大的信号激励下，电感电流的建立需要一定的时间才能达到新的预期的平均值，与新的稳态负载条件下的值一致。再看图 1-4 所示的例子，我们同样记得在这种情况下电感的无能为力，因为闭环系统而变换器（在重新建立的过程中）提供需求功率的这个过程等效于增益突然跌落。试图进行自我校正，如果此时已经是条件稳定的状态，那必然会导致系统完全不稳定。

电感电流最大斜率基本上是永恒不变的，而且还可以说是顽固的，电感方程：$V = L\Delta I/\Delta t$。虽然有许多办法来消除延时，如滞环控制，但最终，这是用无功元件（能量存储，如电感或电容），相比于用线性的效率不高的阻性元件的快速动作，我们总是会需要时间，利用可控的办法来建立起或是消耗掉存储的能量。但是这些能量我们最终会马上消耗掉，这即是说：电阻本质上不存在延时。

这也是为什么之前所说的，如果我们突然间将开关变换器中的负载从 0A 增加到 5A，输出电压在最开始时的跌落与环路特性的关系不大。实际上，环路总是能让事情恶化，但即使这里是考虑到优化，输出响应可能最终仅由输出储能电容量和电感量决定，因为输出电容需要在电感电流上升并接管之前提供所有的能量，如果电容量在最开始时就不足的话，我们必须再去看图 1-7。

类似的，如图 1-7 所解释的那样，如果我们将电流从 5A 切换到 0A（没有负载状态），我们可能看到输出电压上升过程中，甚至通过完全将开关停止工作试图产生响应以抑制输出电压上升，输出电压还是会继续上升，以至于在短时间内基本上失去控制，这简直就是一个噩梦。这种状况形成的原因是在这个时候负载空载而不需要任何能量，但是电感还是"固执地"将所有存储的能量全部注入到输出电容，给输出电容进行充电，这样就会导致输出电压上升。

也许这会勾起我们遗忘的模糊的物理学课程上的内容：能量可以被转换或是以热能消耗掉（在电阻中），但是不会凭空消失。这也是为什么在最开始的变换器里我们需要钳位二极管（和输出电容）的原因。为了将存储的电磁能电流续能，省掉这个二极管，我们会得到一个尖峰或是点火系统而不是一个开关变换器，这样会产生很大的热和光，但没有可利用的能量。

但是对于那些非 Buck 类的拓扑而言，仍然遗留了一些微妙的东西。如图 1-4 所示，在输入扰动的时候而不是负载瞬变时，这与简单的 Buck 变换器相比，对于 Boost 和 Buck-Boost 情况变得大为不同了。这个原因在于，在 Buck 里面，平均电感电流等于负载（稳态）电流时，因此在输入扰动的时候它是保持恒定的。所以对于电感重新建立过程问题而言，这是没有任何延时贡献的，当然负载瞬变除外。

但是，在 Boost 或是 Buck-Boost 里，平均电感电流是占空比的函数，不像 Buck 那样，所以如果输入电压变化的时候电感需要变化到一个新的平均值，哪怕此时负载电流是保持恒定的。所以现在，电感电流的重建问题返回来经常困扰我们，并与其他延时一起呈现在控制环路之中，即便是一个纯粹的输出扰动，如图 1-4 中右边的部分。

这看起来的结果就是并不是所有的扰动结果都是类似的，更不用说所有的拓扑结构了，所以当我们试着将基本控制理论施加到开关变换器的时候，我们必须认识到有许多意料之外的微妙情况发生。

16. 一些易犯错的术语表达

必须再次提醒我们自己，在防止错误呈滚雪球一样变大造成困扰外，我们必须非常清楚一些常用的术语所表达的准确意思。

如之前提到过的，一个基本的例子就是闭环增益的概念。另一个与之相关的概念就是（开环）环路增益或是 T。许多电源工程师会继续认为开环增益是某种放大因子，对于一个模糊的、不确定的扰动进行放大，当反馈环路是字面意义上的开环，如断开或是不存在的。然后，作为一个必然的结果，作为对比，闭环增益必须是我们当反馈环路是真实存在的时候才测量的。另一个问题是亲自动手制作电源的工程师可能会疑惑，为什么当他／她利用一个标准的网络分析仪来测量波特图的时候，这个仪器宣称它正在测量的是开环增益，为什么它不是测量的闭环增益，因为事实上系统是真实闭合的，以及如此种种问题。一个错误的前提会导致许多错误的结论。一些工程师会聪明地用环路增益这个词来代替开环增益，这和我们在前面的章节强调的一样，其他一些人喜欢用 T 来代替整个回路的传递函数，这会产生一点困惑。

17. 对基准电压进行阶跃处理

许多电源工程师包括作者早就意识到了闭环增益是 V_{OUT}/V_{REF}，而不是 V_{OUT}/V_{IN}。但是，他们没有给出输入或是输出瞬变扰动的例子，反而不经意间传递了一个错误的信息，即通过文档的形式将参考电压突然从 0V 爬升的过冲和振荡记录了下来。例如：我们经常在相关文献中看到，将 $1/s$ 的阶跃响应施加到系统之中，其中 $s=j\omega$。但是在这个例子中，阶跃是参考电压的波形形态。你可能会想为什么它是与之相关的。

我们必须记住：

（1）每一个功率变换器最开始启动时，其参考电压也是逐渐上升到其设定值，所以这很难认为它是一个扰动。

（2）另外，参考电压和输出电压基本上不是瞬间出现的，因为在实际的例子中，这两个电压都是在闭环系统软启动控制下缓慢建立起来的。参考电压一般是上升比较缓慢，它是通过一个连接在 REF 引脚（其电流有限）的 0.1μF 的瓷片解耦电容来充电实现的，这样充电会比较慢。

（3）即使我们假设 V_{REF} 不会突然上升，输出电压自己也需要很长一段时间才能建立起来，相对来说，为了上升达到其稳定值，必须首先向负载端的大电容充电，这是通过中间的电感（限制了斜率）来充电。所以这个响应实际上与参考点电压的跳变没有关系，即便认为它们是相关联的。

确实，如果输出电压的建立没有软启动的话，会看到一些振荡，这也是定性模拟在输入／负载瞬变时观察到的振荡。

18. K 因子方法

我们也要指出一点，在实际测量中，一个经常被忽略的问题是，一些工程师仍旧称之为开环增益，在当今的高增益开关变换器里，不太容易找到断开环路的方法，如：真正地断开系统，而不对输出造成致命的影响，更不要说在那种状态下能成功的完成测试了。

　　确实，在某个条件下我们可以做到。当我们试图稳定相对增益较低的磁放大调节器的时候，我们会利用广泛提及的 K 因子方法（参见 http://www.ti.com/lit/ml/slup129/slup129.pdf）。

　　这个方法是由 Venable 提出的，他在反馈控制领域写了许多受欢迎的文章，毫无疑问，这需要知道没有反馈通路存在时候的增益，当其最终介绍的时候，如，环路断开，这是作为一种优化反馈环路的方法。这样，即便一些工程师坚持 K 因子法是开关变换器环路稳定设计最好的办法，但是通常在现代实例中不太实际。

　　除了现实中的因素，K 因子技术同样不得不通过在低频时减少增益，在高频时增加增益来作为相角裕量的补偿，这与我们经常看到的恰恰相反，我们后续会提及。这也是为什么 K 因子技术在后级调节器里很好用的原因，在后级调节器的输入上存在一个基本上没有纹波的直流，如磁放大器，但是在其他场合很少用。

　　K 因子法应用于 3 型放大器里的时候，会试着将两个重合零点以一个 $1/\sqrt{K}$ 的因子比例置于穿越频率之下，以及两个重合极点置穿越频率之上（$\sqrt{K}$ 因子）。这样我们会看到，这不会对 LC 极点的尖峰值产生任何影响，但它不仅是一个条件稳定的潜在因素，同时也影响输出在输入/负载瞬间变化时的输出振荡，后面我们会很快发现这一点。

　　但是具有讽刺意味的是，经过优化努力的 K 因子法，最终的结果就是对相角裕量进行了一个不确定的改进。之所以说不确定是因为没有人完全认同什么是最优的相角裕量，以及为什么是最优的。

19. 实际电路中的模拟补偿方法

　　让我们来回顾下：稳定最终是取决于这一基本问题，如果扰动沿着环路路径经过各种延时后，会发生什么？例如：即使在简单的恒温空调系统中，①传感器检测需要时间才能感觉到窗户是不是打开的，②在这之后，加热器或是空调需要一些激活或是响应，诸如此类。如之前所述的那样，这些延时可以通过建模表示成与频率相关的相位延时。虽然我们通常将增益函数写成简单的 T/G/H 等，在实际中它们应该写成 $T(s) G(s) H(s)$ 等，意味着除了幅值外，它们是与频率相关而且是相位有关的。类似的，对于开关变换器，我们可以设想的一个情况是：由于原始的扰动中存在一些非预期的谐波分量，这很容易产生一个额外的 180° 相移，它最终会沿环路加强这个扰动，其结果就是系统可能会产生振荡。

　　对于抑制中低频率纹波，现在明显可以看到我们需要试图增加并最大化直流增益。但是也需要故意在一个高频处开始使增益下降，这样以避免不稳定。最后，我们不得不在这里列个简单的判据：我们必须确保在指定的频率处，如果能够产生 180° 的相位延时，此时的增益应该降到 1 以下以避免振荡（增益裕量）。这样的话，就可以确保任何扰动都在沿着环路通过时得到抑制。另外，我们必须确保当信号沿整个环路的增益是 1 的时候，它的相位延时不能够达到 –180°。

20. 模拟环路补偿典型实例

图 1-22 展示的是一个典型的环路补偿的例子，但目前只表示出了增益的幅值。它将基本是直线的 T 分解成 G 和 H 分量。注意到控制对象的 LC 双极点，在转折点后，G 能够提供 –2 的斜率，而这双极点在 LC 的频率位置处通过补偿器的两个零点抵消掉了。所以我们留下的是一个基本是直线的 T，本质上来源于补偿器的低频增益特性。不过其垂直位移精确等于控制对象的直流增益，我们即将会看到。

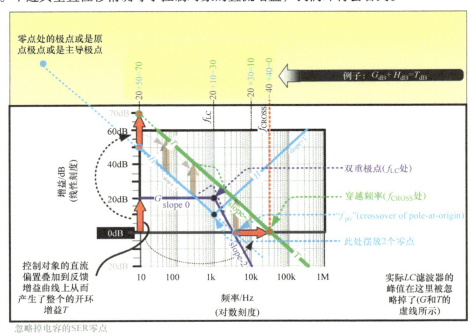

图1-22 （简化的）经典模拟控制环路设计，以及最终的环路增益曲线

注意到环路增益 T 是简单的二级增益之积，G 和 H，但是在对数平面上，事情变得简单多了。我们可以将 G_{dB} 和 H_{dB} 两条增益曲线进行相加，这样得到的是 T_{dB}。换句话说，只要我们将增益用分贝来表示，我们就可以简单地对它们进行相加运算，而不是相乘，如图 1-22 中所示。

在图 1-22 中，我们同样可以看到通过设定一个很高的直流增益（通过补偿器），这样可以抑制掉中低频的扰动。事实上，在理论上，增益在 0Hz 是无穷大的，但是在实际上由于误差放大器的寄生参数存在，增益会受到限制，为了简单起见，在图 1-22 中没有表示出来，同时也因为在对数坐标上面显示 0Hz 也是不现实的。但是我们看到一个有根虚线延伸到很低的频率，这称之为零极点或是初始极点（主极点），或是用其他名字表示。但是这样我们仍然无法在实际中规定或是画出来。但是我们知道不管它位于哪，都会让增益曲线在转折频率后以 –1 的斜率下降。所以，它的精确位置，如它的低频频率到底是多少，这只是反应在它与单位增益 0dB 相交的轴的时候。这个频率我们在这里称之为 f_{p0}。的确，我们可以在补偿器里放置 2 个零点（在 H_{dB} 曲线达到与 0dB 轴相交之前）。如果沿 0dB 线上画一虚线的话，图 1-22 中 f_{p0} 的位置即为相交频率。

f_{p0}，初始极点频率，这个频率需要仔细设定，因为它是最终决定我们感兴趣的穿越频率的关键参数：f_{CROSS}（T 的穿越频率）。f_{p0} 和 f_{CROSS} 与控制对象的直流增益相关，这在图 1-22 中表现出来的就是垂直方向上的箭头所示的偏置量。我们现在来看看其真正的关系是什么。

控制对象，现在我们知道了，它由三个部分组成，它的增益是三级之积。

$$G(s) = \frac{1}{V_{RAMP}} \times V_{IN} \times \frac{\dfrac{1}{LC}}{s^2 + s\left(\dfrac{1}{RC}\right) + \dfrac{1}{LC}}$$

所以它的直流增益（即图 1-22 中平坦的部分直到转换频率这部分）是简单的形式，为 V_{IN}/V_{RAMP}（或是换成对数形式）。我们可以从图中看到，这个数值大小是补偿器的增益曲线通过向上偏移得到 T。因为我们对 T 进行 –1（反比例）操作，这可以很简单地看到如下关系，为了得到一个合适的期望 f_{CROSS}，告诉我们如何精确地在补偿器里放置 f_{p0}。

$$f_{p0} = \frac{V_{RAMP}}{V_{IN}} \times f_{CROSS}$$

所以，图 1-22 中的环路增益曲线在频率 f_{CROSS} 处穿越，这意味着在那个频率时的增益为 1（在对数坐标中 Y 轴为 0，因为 log1=0）。考虑到离散 / 采样问题与变换器的开关频率 f_{sw}，按惯例将 f_{CROSS} 设置为至少比 $f_{sw}/2$ 还要小（根据奈奎斯特采样定理），这样可以避免高频时相位延时导致的不稳定。但是实际上，最好将穿越频率设定为 $f_{sw}/10$ 到 $f_{sw}/5$ 之间，而不要太高了。

注意到由于负反馈的存在，系统自带 180° 的相位延时（对于负反馈，我们现在意识到只有在低频时才可以这样理解），它很少在图中被画出来，而是被理解的。只有由反馈网络和控制对象引入的相角延时，才会在典型的波特图上被画出来。

这个图中同样有其他的寄生参数，只是我们现在忽略了。其中一个是 ESR 零点，来自于输出电容的 ESR。利用 3 型补偿器，我们试图消除掉控制对象中的零点，通过在同一个位置放置一个极点。但是除了初始极点外，一个 3 型补偿器会产生 2 个零点（这两个我们都已经用了，用来抵消掉 LC 的双极点），同时还有 2 个极点，其中一个我们已经用来抵消 ESR 零点。参考图 1-23。这仍然给我们留下了一个额外的极点可以操作，这里称之为 f_{p2}。一些人认为这个频率应该位于 10 倍 f_{CROSS} 处，而有一些人说为了抑制衰减高频纹波分量，我们应该将其放在 $f_{sw}/2$ 处，Lloyd Dixon 建议将其直接放在 f_{CROSS} 处。这个位置笔者在其《精通开关电源设计（第 2 版）》一书中称之为优化的方案。

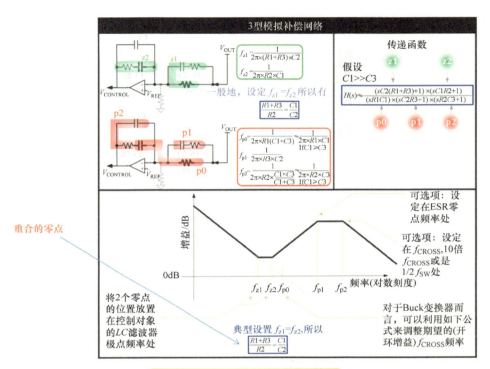

图1-23 3型补偿网络公式和策略

在图1-24中，我们演示了一个典型的模拟环路练习过程中的极点零点摆放位置（内容抽取来自于笔者的《精通开关电源设计（第2版）》。注意到这不再是图1-22中所谓的假设接近。它现在有所有的曲线区间，是通过Mathcad画出来。

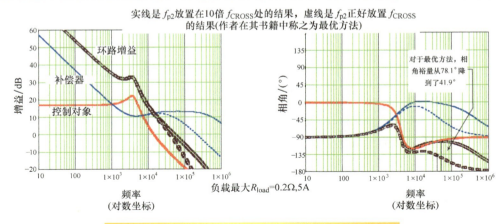

图1-24 在最大负载情况下，实际的3型补偿网络的结果

在图1-25中，我们总结了之前提到过的补偿策略，精确显示了对于控制对象 G，补偿网络 H 和 T 的补偿结果（以包含频率的形式）。

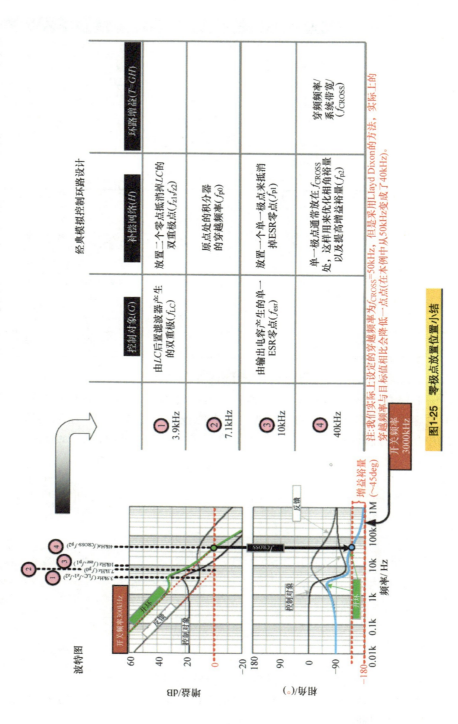

图1-25 零极点放置位置小结

在图 1-26 中，我们将 3 型补偿网络的各个元件分量呈现在一张表中，这是基于图 1-23 的结果，从图 1-26 中可以看到，除了一个元件外，其他所有的元件都是涉及 R_1，C_1 多个极点/零点的位置。这也是为什么在模拟环路中，试凑法变得很困难的一个原因。仅改变一个元件就能够在增益曲线上产生多米诺效应，带来一些不可预知的后果，后面我们会进一步详细讨论。

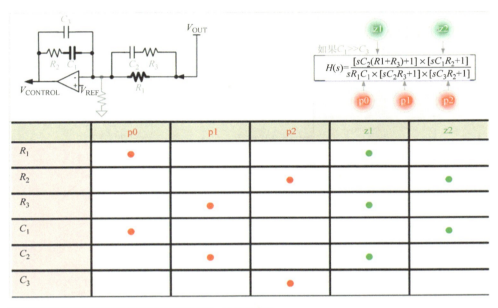

H(s) 公式：

$$H(s) = \frac{[sC_2(R_1+R_3)+1] \times [sC_1R_2+1]}{sR_1C_1 \times [sC_2R_3+1] \times [sC_3R_2+1]}$$

如果 $C_1 \gg C_3$

	p0	p1	p2	z1	z2
R_1	●			●	
R_2			●		●
R_3		●		●	
C_1	●				●
C_2			●	●	
C_3			●		

C_3是唯一的一个只关联到单个极点/零点的元件，在这里为f_{p2}。

图1-26　3型补偿网络中，每个元件是如何起用多重作用的

21. 1，2，3 型环路补偿小结

在图 1-27 中，我们为了知识的完整性，给出了其他补偿网络的情况，如 2 型补偿网络，它只提供 1 个极点和 1 个零点（另外有 1 个在零频率处的极点，一共是 3 个）。它因此不太适合 VMC 补偿，因为我们需要 2 个零点来抵消掉 LC 滤波器的双极点。但是，一些古老的开关变换器试图利用 ESR 零点来实现这个目的，另一个零点来自于补偿网络本身，因此这里不需要抵消 ESR 零点。但是这毕竟不是一个最优的方法。通常来说，2 型补偿网络只能用于 CMC，因为它的控制对象没有 LC 双极点，而是一个 RC（一阶滤波器特性）负载极点特性，如图 1-28 所示。

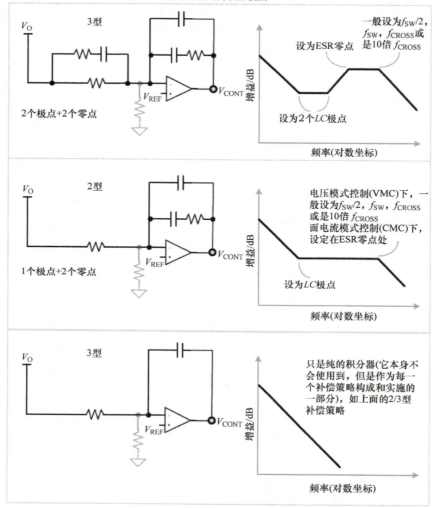

图1-27　1~3型补偿方案（零点和极点的任意放置）

1型补偿网络没有太多的实用性，但是它是一个2型、3型网络的一个关键结构部分，它是一个积分器。它这里有一个初始极点（主极点），f_{p0}。其关键的通用传递函数如图1-29所示。它的形式如下：

$$H(s) = \frac{A}{s} \equiv \frac{1}{\dfrac{s}{A}} \equiv \frac{1}{\dfrac{s}{\omega_0}}$$

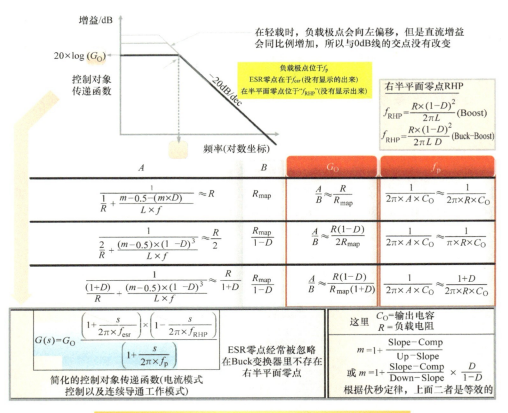

图1-28　电流模式控制下的控制对象（适合于2型补偿网络）

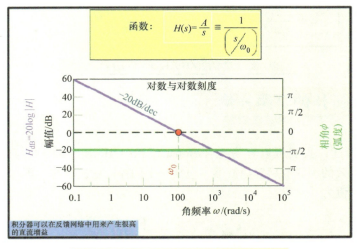

图1-29　积分器功能（与频率成反比）

交越在 $\omega_0 = \omega_{p0} = A$，或是等效地说 $f_{p0} = A/2\pi$。所以我们可以通过改变 A 来调节它（改变它的方向：向上或是向下）。

注：为了避免直流增益的影响导致的不必要的混淆，建议将所有的极点零点函数写成 $(s/\omega_0)^x$ 的形式。

运放背后隐藏的数学表达式，如积分器，如图 1-30 所示，得到 f_{p0} 的公式为

$$f_{p0} = \frac{1}{2\pi RC}$$

注：在一个 3 型补偿网络中，如图 26 那样的，初始极点（积分函数功能）是通过 R_1C_1 得到的，而不是 R_1C_3 带来的。这是由于我们有一个前提假设：$C_1 \gg C_3$，否则数值计算极点和零点的过程会是相当复杂的，因此也不是常用的。

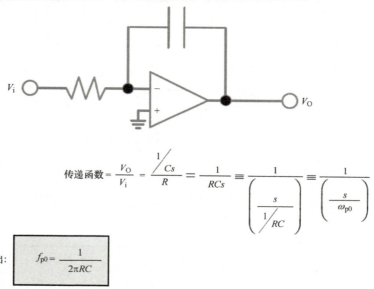

传递函数 $= \dfrac{V_O}{V_i} = \dfrac{\dfrac{1}{Cs}}{R} = \dfrac{1}{RCs} \equiv \dfrac{1}{\left(\dfrac{s}{\dfrac{1}{RC}}\right)} \equiv \dfrac{1}{\left(\dfrac{s}{\omega_{p0}}\right)}$

得出： $f_{p0} = \dfrac{1}{2\pi RC}$

图1-30　模拟控制环路设计中积分器的作用

22. 其他拓扑的环路补偿

如之前所述，我们可以容易地在 Boost 和 Buck-Boost 中将 LC 与开关管分离出来，用一个等效的级联的后置滤波器，包括一个同样的输出电容，再与一个等效电感值串联，这个值为

$$L_{等效} \equiv \underline{L} = \frac{L}{(1-D)^2}$$

实际上，这让有效电感量成为了输入电压的函数。因此，这个等效方法让事情变

得更为复杂。<mark>因为 *LC* 谐振频率随着输入电压的降低（占空比增加）而移得越来越靠近原点。这样直观的来看，最终会导致右半平面零点的不稳定。传统的对待右半平面零点的办法是直接接受！</mark>⊖对于 Buck 而言，我们简单的在一个相当低的频率处（如 $f_{SW}/10$~$f_{SW}/5$ 之间）让增益下降。可能我们需要更低的穿越频率，如 $f_{SW}/20$，甚至更低。这也就是我们为什么在 Boost 功率因数校正电路，或是便宜而又不好用的反激电路（Buck-Boost）中基本上很难看到性能优良的环路控制响应。

23. 控制对象传递函数小结

最后，我们将对控制对象的传递函数做一个总结，包括 VMC 和 CMC 下，为方便以后做个参考。如图 1-31，图 1-32，图 1-33，图 1-34 分别对应 Buck、Boost、Buck-Boost 电路的结果（都是在 VMC 下），然后接下来的是 Buck 的 CMC 情况。

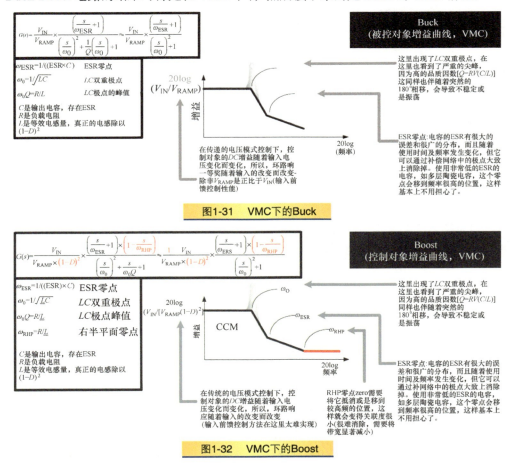

图1-31　VMC下的Buck

图1-32　VMC下的Boost

⊖ 原文表达了相反的意思，是错误的。——译者注

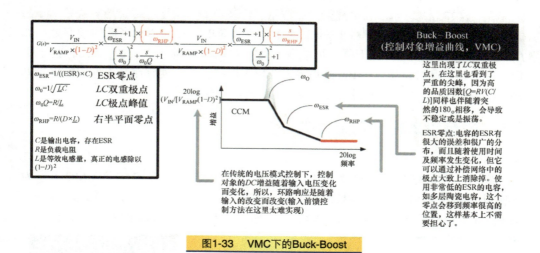

图1-33   VMC下的Buck-Boost

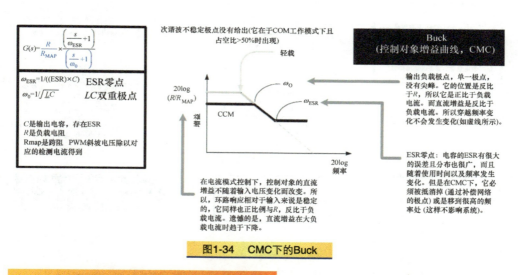

图1-34   CMC下的Buck

24. 在实验台上测量环路增益

图 1-35 展示了一个简单的得到开关变换器波特图的方法。一个电流环路和一个无源电流探头是最基本的测试工具。然后需要一个标准的 HP/Agilent 网络分析仪，如 4396B。不需要像 Ridley 或是 Venable 推荐的那样复杂。但是确实如图 1-36 所示的数学计算那样，而我们是在一个合适的点注入信号的话，的确是在闭环系统里测量得到 *T*（开环增益），见图 1-35。

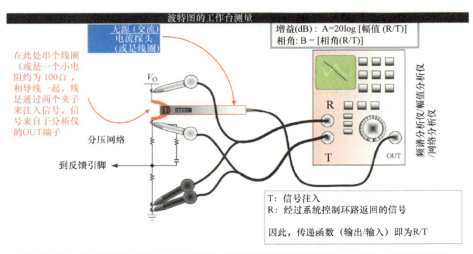

波特图的工作台测量

无源（交流）电流探头（或是线圈）

增益(dB)：A=20log [幅值 (R/T)]

相角：B = [相角(R/T)]

在此处串个线圈（或是一个小电阻约为 100Ω，和导线一起，线是通过两个夹子来注入信号，信号来自于分析仪的OUT端子

V_O

R

T

OUT

频谱分析仪/幅值分析仪/网络分析仪

分压网络

到反馈引脚 ←

T：信号注入

R：经过系统控制环路返回的信号

因此，传递函数（输出/输入）即为R/T

在测量过程中，用示波器观察开关节点处的波形，其抖动不能超过开关周期的10%时间，也不能低于2%。否则，需要调整频谱分析仪的输出幅值/衰减设置。

图1-35　在工作台上测量波特图的简单方法

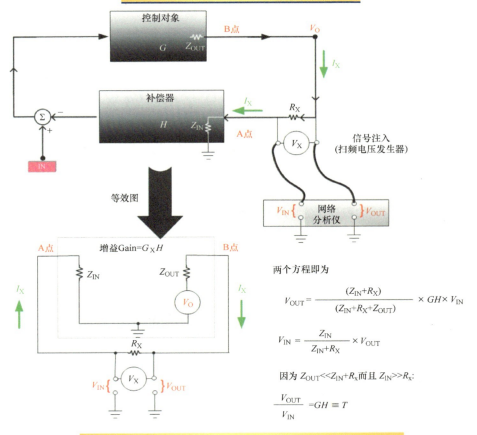

控制对象

G　Z_{OUT}　B点　V_O　I_X

补偿器

H　Z_{IN}　A点　I_X　R_X

Σ　$-$　$+$

IN

V_X　信号注入（扫频电压发生器）

等效图

$V_{IN}\{$　网络分析仪　$\}V_{OUT}$

增益Gain=$G_X H$

A点　Z_{IN}　Z_{OUT}　B点

I_X　V_O　I_X

R_X

V_X

$V_{IN}\{$　$\}V_{OUT}$

两个方程即为

$$V_{OUT} = \frac{(Z_{IN}+R_X)}{(Z_{IN}+R_X+Z_{OUT})} \times GH \times V_{IN}$$

$$V_{IN} = \frac{Z_{IN}}{Z_{IN}+R_X} \times V_{OUT}$$

因为 $Z_{OUT} << Z_{IN}+R_X$ 而且 $Z_{IN} >> R_X$:

$$\frac{V_{OUT}}{V_{IN}} = GH \equiv T$$

图1-36　确实，我们是在一个闭环系统里测量的（开）环增益

25. 如何调整一个 3 型补偿网络

关于模拟补偿网络设计里一个最大的麻烦事是调整任何形式的增益曲线。

我们将给出一个简短的实例，但是基于如下的已解决好的例子。

例：采用 300kHz 的同步降压控制器将 15V 变换为 1V。负载电阻为 0.2Ω（5A）。根据器件规格书，PWM 斜坡电压是 2.14V。选用的电感为 5μH，输出电容为 330μF，其 ESR 为 48mΩ。

我们知道 Buck 变换器的控制对象的直流增益是 $V_{IN}/V_{RAMP}=7.009$。因此，对数化后，为 16.9dB，LC 双极点位于：

$$f_{LC} = \frac{1}{2\pi \times \sqrt{LC}} = \frac{1}{2\pi \times \sqrt{5 \times 10^{-6} \times 330 \times 10^{-6}}} \Rightarrow 3.918\text{kHz}$$

在这里我们将开环增益的穿越频率设定为开关频率的 1/6，即 50kHz。因此我们可以得到积分器的 f_{p0} 并通过 RC 来确定：

$$f_{p0} = \frac{V_{RAMP}}{V_{IN}} \times f_{CROSS} \equiv \frac{1}{2\pi \times RC}$$

所以在我们的例子里，积分器的 RC 为

$$R_1 C_1 = \frac{V_{IN}}{2\pi \times V_{RAMP} \times f_{CROSS}} = \frac{15}{2\pi \times 2.14 \times 50 \times 10^3} = 2.231 \times 10^{-5} \text{ s}^{-1}$$

如果我们选择 R_1（分压网络的上端电阻）为 2kΩ，可以得到 C_1：

$$C_1 = \frac{2.231 \times 10^{-5}}{2 \times 10^3} \Rightarrow 11.16\text{nF}$$

运算放大器构成的积分器的穿越截止频率为

$$f_{p0} = \frac{1}{2\pi \times R_1 C_1} = \frac{10^5}{2\pi \times 2.231} \Rightarrow 7.133\text{kHz}$$

ESR 零点的位置为

$$f_{esr} = \frac{1}{2\pi \times 48 \times 10^{-3} \times 330 \times 10^{-6}} \Rightarrow 10.05\text{kHz}$$

需要安放的零点和极点位置是：

$f_{z1}=f_{z2} = 3.198\text{kHz}$（$LC$ 极点位置）

$f_{p1}=f_{esr}=10.05\text{kHz}$（放置第一个极点来抵消掉 ESR 零点）

$f_{p2}=10 \times f_{CROSS}=500\text{kHz}$（非最优方法，常规设置）

后面可以看到，如果将 $f_{p2}=f_{CROSS}$ 会得到更好的相角裕量。

满足这些元件的值为（需要同时满足上述方程）

$$C_2 = \frac{1}{2\pi \times R_1}\left(\frac{1}{f_{z1}} - \frac{1}{f_{p1}}\right) = \frac{1}{2\pi \times 2 \times 10^6}\left(\frac{1}{3.918} - \frac{1}{10.05}\right) \Rightarrow 12.4\text{nF}$$

$$R_2 = R_1 \frac{f_{p0}}{f_{z2}} = 2 \times 10^3 \times \frac{7.133}{3.918} \Rightarrow 3.641\text{ k}\Omega$$

$$C_3 = \frac{1}{2\pi \times (R_2 f_{p2} - R_1 f_{p0})} = \frac{10^{-6}}{2\pi \times (3.641 \times 500 - 2 \times 7.133)} \Rightarrow 88.11\text{pF}$$

$$R_3 = \frac{R_1 \times f_{z1}}{f_{p1} - f_{z1}} = \frac{2 \times 10^3 \times 3.918}{10.05 - 3.918} \Rightarrow 1.278\text{k}\Omega$$

我们已经知道 C_1 为 11.16nF，R_1 是 2kΩ。所以这里将所有的元件值做一个概括于此（电压分压网络用高亮显示，代表它是一个输入量）：

C_1=11.16nF，C_2=12.4nF，C_3=88.11pF，R_1=2kΩ，R_2=3.641kΩ，R_3=1.278kΩ

这个对应的是图 1-37 中的中央的（红色实线）增益曲线。

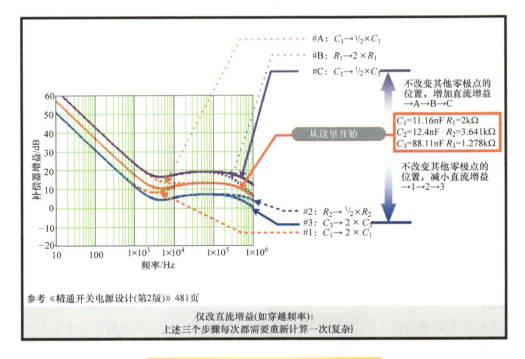

图1-37　利用3型补偿网络来改变穿越频率

我们首先会问：我们如何只降低穿越频率f_{CROSS}，而不改变零极点的基本位置。换句话说，我们简单地想将这条红色的实线在垂直方向上向下移动。方法是：第一步将C_1增加一倍，因为R_1和C_1决定了f_{p0}（初始零极点的截止频率），而且R_1是倾向于先固定下来，因为它是分压网络的一部分。但是，现在看图1-38的交互矩阵，可以看到C_1也是第2个零点Z2的一部分。将C_1加倍无疑会降低f_{z2}。我们可以将其作为#1第一步，得到图1-37的红色破折号增益曲线。但是它不是我们现在想要的。所以再回到图1-38，我们意识到需要将f_{z2}拉回，我们需要开始进行第二步#2，将R_2减半。这是图1-37中的蓝色破折号增益曲线。遗憾的是，因为R_2同样是$p2$的一部分，将R_2减半同样会将f_{p2}移到一个更高的频率处。我们又需要再次修正。这通过第三步#3来完成，我们将C_3加倍，得到了图1-37中所示的蓝色实线的曲线，并且因为C_3只是$p2$的唯一一个构成，多米诺效应在这里停止（恶化）了，所以还是比较幸运的。

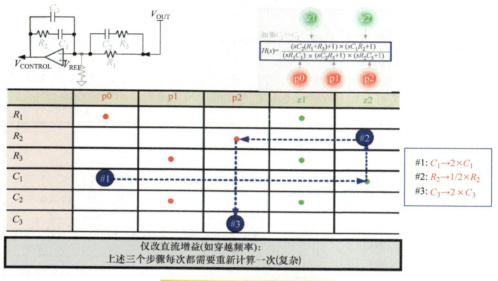

图1-38 如何改变调整元件值

类似的，如果我们想提升f_{CROSS}，我们可以像图1-37中的那样再经历步骤#A、#B、#C三步。

我们可以仅只通过三个元件的改变，来实现我们将f_{CROSS}提升或是降低而不改变其他零极点的位置。

它不是简单地将一个十进制电阻电容箱放在补偿网络中，然后盲目地调整波特图。

现在假设我们想让两个重合零点的频率降到原来的一半，原因是我们改变了电感和／或是输出电容量，导致LC极点的频率减半了。看图1-39，我们可以发现虽然改变f_{z2}是看起来比较容易，但是我们不能直观地改变f_{z1}，因为我们陷入了一个怪圈。

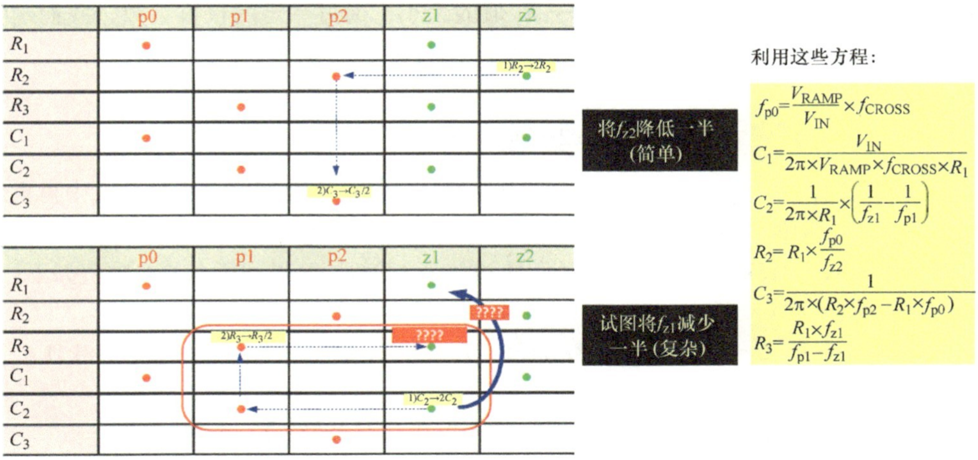

	p0	p1	p2	z1	z2
R_1	●				
R_2			●←		1)$R_2 \rightarrow 2R_2$ ●
R_3		●		●	
C_1	●				●
C_2		●		●	
C_3			2)$C_3 \rightarrow C_3/2$ ●↓		

将f_{z2}降低 一半（简单）

利用这些方程：

$$f_{p0} = \frac{V_{RAMP}}{V_{IN}} \times f_{CROSS}$$

$$C_1 = \frac{V_{IN}}{2\pi \times V_{RAMP} \times f_{CROSS} \times R_1}$$

$$C_2 = \frac{1}{2\pi \times R_1} \times \left(\frac{1}{f_{z1}} - \frac{1}{f_{p1}} \right)$$

$$R_2 = R_1 \times \frac{f_{p0}}{f_{z2}}$$

$$C_3 = \frac{1}{2\pi \times (R_2 \times f_{p2} - R_1 \times f_{p0})}$$

$$R_3 = \frac{R_1 \times f_{z1}}{f_{p1} - f_{z1}}$$

	p0	p1	p2	z1	z2
R_1				●	
R_2			●	????	●
R_3	2)$R_3 \rightarrow R_3/2$	●	????	●	
C_1	●				●
C_2		● ←		1)$C_2 \rightarrow 2C_2$ ●	
C_3			●		

试图将f_{z1}减少 一半（复杂）

图1-39   试图直观的只改变两个双重零点的位置

记住零点的位置，这里有一个至今为止我们没有完全认识到的约束条件：

$$f_{z1} = \frac{1}{2\pi(R_1 + R_3)C_2}$$

$$f_{z2} = \frac{1}{2\pi R_2 C_1}$$

所以如果令$f_{z1}=f_{z2}$，我们有：

$$\frac{C_1}{C_2} = \frac{R_1 + R_3}{R_2}$$

这即是在我们补偿策略里本身的约束条件。确实我们可以通过将这些数值与书本上的对照，它的确是这样。更进一步，依靠我们的控制策略，无论LC极点如何发生改变，它都能维持不变。如果我们不能够这样做的话，我们简单的补偿策略会被打破，事情就另当别论。我们也可以利用一个十进制电阻电容箱来在工作台上手工微调穿越频率和／或相角裕量，但是最好只是一个极小的调节。实际上，我们会看到，许多元件值必须同时改变。

如前所述，将f_{z2}减半是相对来说比较容易的。我们需要做的就是将R_2增加一倍。但是因为极点 P2 同样与R_2相关，这样为了防止 P2 偏移我们需要将C_3减半，然后就结束了，因为C_3只对 P2 有贡献，而且不影响其他零极点的位置。

改变f_{z1}是非常微妙的，而且不能够通过直观的方法来实现。首先，它包含有三个元件：R_1、R_3、C_2。我们不强迫改变R_1，因为它是分压网络的一部分。但是，如果我们简单地将C_2增加一倍，这同样会影响极点 P1，为了维持它不变，我们需要将R_3减半。但是R_3又是关联于零点 Z1 的，所以整个过程是复杂的。幸运的是，因为C_2

在 Z1 的位置处是与 C_1 相乘的，基于 R_3 值的大小，通过一定的权重系数，我们确实能移动 Z1 的位置：

$$f_{z1} = \frac{1}{2\pi(R_1 + R_3)C_2}$$

换句话说，改变 f_{z1} 的话，很难知道 RC 的值。我们需要回到基本的公式中再重新推导一次（纯数学上的，而不是直观的）。在上面的具体例子中，如果我们改变 f_{LC}（f_{z1} 和 f_{z2}）的值从 3.918kHz 到减少到一半 1.959kHz，重新计算得到所有的参数值如下：

改变前：

C_1=11.16nF，C_2=12.4nF，C_3=88.11pF，R_1=2kΩ，R_2=3.641kΩ，R_3=1.278kΩ.

改变后：

C_1=11.16nF，C_2=32.7nF，C_3=44pF，R_1=2kΩ，R_2=7.28kΩ，R_3=484.24Ω.

结论是：如果在一个 3 型补偿网络中，如果想改变两个零点的位置而不改变穿越频率和其他零极点的位置的话，我们每次需要变更 4 个元件的值，同时这也不是直截了当的方法。我们当然不能够在很快的时间内完成调试，但是如果我们能采用数字技术，这样会使操作更加快速，这在本书的下半部分中会学习到。

26.3 型补偿网络中的近似处理

遗憾的是，麻烦不会因为不能简单或是直观地调节 3 型补偿网络而停止出现。如果我们检查例子中计算得到的电容值，可以发现它们都不是很接近标准电容值。电容一般是 E12 系列，如 10 12 15 18 22 27 33 39 47 56 68 82。误差是 ±10%。另外，除非我们用 G_0G 的电容，我们还得考虑温度的影响、电压的影响、老化等。更不要忘记了最开始方程中我们有一个基本前提是 $C_1 >> C_3$。

所以最终的零极点的位置，以及带宽（f_{CROSS}）可能会与我们期望的有很大差别。

但是如果我们想推导更精确的方程，不需要任何近似，并且带有 / 不带有 $C_1 >> C_3$ 的近似。但是现在我们意识到，如 $p0$，初始极点，实际上是被三个元件影响到：R_1、C_1、C_3。

$$f_{p0} = \frac{1}{2\pi \times R_1(C_1 + C_3)} \approx \frac{1}{2\pi \times R_1 C_1}$$

$$f_{p1} = \frac{1}{2\pi \times R_3 C_2}$$

$$f_{p2} = \frac{1}{2\pi \times R_2\left(\dfrac{C_1 C_3}{C_1 + C_3}\right)} = \frac{1}{2\pi \times R_2\left(\dfrac{1}{C_1} + \dfrac{1}{C_3}\right)} \approx \frac{1}{2\pi \times R_2 C_3}$$

$$f_{z1} = \frac{1}{2\pi \times (R_1 + R_3)\,C_2}$$

$$f_{z2} = \frac{1}{2\pi \times R_2 C_1}$$

事情变得更为复杂而没有任何直观概念了。

27. 一种全新有效的方法出现了

到现在为止，我们意识到模拟补偿的确有些不足和缺点，其中包括它没有办法来精确修正我们期望的环路增益曲线的形状。但是 3 型模拟补偿网络里最大的缺陷 / 麻烦还没有到来。这将在本书下半部分里揭示出来。后面我们也将会看到如何利用数字技术（基于 PID 系数）来显著提高这方面的性能。

第二部分

数字环路设计

序言

这是本系列图书的第二部分，抱歉，这里不可避免的会有比较多的数学分析过程。但是实际上，我们对相角特别没有自然的直觉概念，所以这也是数学分析存在的原因。谁能告诉我他喜欢 $e^{j\omega t}$ 这样的表达形式？然而，$e^{j\omega t}$ 的确是表达一种相位关系，但不幸的是，它不仅是必要的，相比更恐怖的方法如求解微分方程更为容易。换句话说，数学在反馈系统中是不可避免的，事实上数学在任何阶段都是关键。

然而，好消息是，在熟练了一些常用的 s 平面函数后，我们可以学得一些技巧，这样的话信心得到增长。这也是我自己从恐惧中走出来的方法。我曾经试图以数学为乐，因为那样可以让你在第一眼看到拉普拉斯变换时不会那样害怕。因为一旦经历过了，你将发会现，所有的那些就变得极为平常而且毫无痛苦。

在快结束的时候，我会演示一个历史上的"神器"，它被称为条件稳定性，它并不是看起来的那样无害的。事实上，它可能是在有些情况下输出经历大信号事件时输出端严重振荡的元凶。因此，我介绍了一种方法，通过实现更好的匹配的功率级和反馈部分，以降低这个振荡。好吧，为了防止剧透太多，我在这里不说了，留下来让你们自己去发掘。但是，请注意，可能有许多关于 Q 值匹配的专利申请发表，我作为主要发明人，已向美国专利商标局专利（USPTO）申请了临时专利，专利号是 62 / 235069。

Sanjaya Maniktala

2015 年 12 月

致谢

这些年来，我得到了许多忠实读者的支持与帮助，他们来自于全球各地，请允许我在这里提及他们之中的少许名字：Eric Wen, Keng Ly, Bopamo Osaisai, Amitabha Mallik, Rahul Khopkar, Anindita Bhattacharya, Leo Sheftelevich, Shankar N. Ekkanath Madathil, Jose Escobar 等，谢谢你们一直的支持。

我也会永远记住，如果我几十年前在没有在孟买遇到 GT Murthy 医生的话，这一切将不会成为可能。

我也要感谢我的妻子 Disha Maniktala，一直在我身边支持我，让我做我最擅长做的事（当我试图去做我不会做的事情时，有时会阻止我，不过经常没有成功）。最后也不能忘了我身边的两个甜心：Munchi 和 Cookie（是我两条狗的名字），它们无疑是打破了所有我处理过的控制环路理论，当然是无条件的。

0. 介绍

在本书系列的第一部分中，我们知道了建立起一个闭环控制系统的目的（如校正系统），即通过引入负反馈来减少扰动对输出的影响，可能是输入的扰动，或是负载阶跃，或是参考点电压的波动，都可以通过反馈校正因子 $1/(1+T)$ 来抑制，并与无反馈的闭环校正系统相比，校正系数为 $1/(1+T)$。这里，T 是所有环路级联级的增益之积，包括控制对象（增益为 G）和反馈环节（增益为 H）。这个 T，在其他参考文献中可能也会叫作开环增益，或是环路增益，或是沿路增益等。但是不管它叫什么，我们只要记住 $T = G \times H$ 即可。所以，构成的增益是简单的相乘即可，或是通过对数运算，简单的相加，因为 $\log T = \log G + \log H$，用简短的表示方法即：$T_{dB} = G_{dB} + H_{dB}$。注意这是假设是级联增益级。我们同样看到了电压分压网络不能单独抽离出来作为独立的一级（如果我们的补偿网络中用的是普通的误差放大器的话）。同样，LC 滤波器也不能简单地抽取出来作为独立的一级（Buck 除外）。但是通过引入一些"所谓的"等效电感概念，我们确实可以这样操作，哪怕是 Boost 或是 Buck-Boost 结构。

原理上来说，我们总是想将直流增益设置得越高越好，但是对于 DC 或是低频来说，不需要考虑关联的相移，因为环路增益（总的传递函数，T）有一个幅值，而没有虚数分量（如：它是一个实数）。在这个简单的例子中，接下来的近似就变得更为直观了：$1/(1+T) \approx 1/T$。换言之，高的直流增益有利用于抑制 DC 或是低频扰动，抑制的因子系数为 $1/T$ 倍（如输入线的 50/60Hz 频率）。

但是我们很快意识到不能够对所有的频率分量都提供足够高的增益，因为频率越高，这不可避免带来与频率相关的相位偏移。我们总是会问，这些相移的累积最终效果什么？它会导致不稳定吗？由定义 $T = -1$ 可知，单位增益，以及相角为 $-180°$。我们因此定义相角裕量为相位滞后于 $-180°$ 的危险水平之差。

如在对数坐标系中的增益的形式，级联增益级的相角总是算术相加。换言之即 $\varphi_T = \varphi_G + \varphi_H$。特别的，我们需要避免扰动的任何频率分量达到 180° 的相角延时。因为净增的相角延时达到这个值的话，我们最终会达到 180° + 180° = 360° = 0° 的相角延时。直观地看来，这意味着沿环路一周后，扰动最终变成了同相，如果此时对应的幅值是和起始值一样的话，即增益为 1 或是 0dB。这会导致极为严重的问题。注意到增益等效条件是很难通过直观化呈现出来，但是这暗示 $T=-1$。这和声音反馈的例子不一样，声音信号能够沿环路出现同相，并会增强幅值，导致出现很大的尖叫声。

换言之，仅仅相角为 180° 并不一定会导致不稳定，它可能导致输出端严重的振荡，但是它不会自身维持下去，最终会消失。所以最好的情况是，相角加强只是唯一的坏消息。导致系统崩溃另一个要满足的条件是：频率分量的幅值需要和其最初始的值 0dB 相等。如果相角和增益条件同时满足的话，那么扰动会变成自身持续。

为了避免出现世界末日，我们需要引入一定的鲁棒性，安全的或是稳定性裕量（图形化表示出来即为离灾难发生的距离）。我们称之为裕量，或是相角裕量。如：当增益为单位增益时，相角与180°的差值，或是增益裕量，即当相角达到180°的时候，增益与0dB的差值。

但是不要忘了，我们是处理开关变换器，而不是如古老的模拟控制系统（如空调系统）那样是连续控制的，我们需要记住奈奎斯特采样定律的限制（1/2开关频率）。这个导致的额外的频率相关的相位延迟也会影响系统的不稳定性。所以我们认识到必须将开关的影响减少到 $f_{sw}/2$ 以下，所以我们需要留一定的裕量。一般的在穿越频率处（0dB）频率小于 $f_{sw}/5$。

总结起来就是说：在实际的例子中，我们经常会在低频段将直流增益设定得很高，以此来减少扰动的影响（减少稳态误差），但是随着频率增加，相位延时的问题凸显出来，所以我们将环路增益 T 的穿越频率一般设定为 $f_{sw}/10$ 到 $f_{sw}/5$ 之间，此时的相移必须远离 $-180°$。

偶然地，工程师会问：为什么不让 CMC 系统的带宽更高？如 $f_{sw}/3$ 这样？确实，我们可以这样设置。但是带来的问题是：在增益曲线的 $f_{sw}/3$ 处，会存在次谐波振荡，这会产生严重的后果。所以让我们重新回到 CMC，并将此事做一了结。

1. CMC 的问题

有些时候，在 CMC 中，我们想得到更高的穿越频率，如 $f_{sw}/3$ 这样。但是记住在 $f_{sw}/2$ 处，增益曲线会出现一个尖峰点，这是由于如 $D > 0.5$ 时产生了次谐波振荡。如果波特图的分辨率足够高的话，我们可以清楚的在图上面看到一个尖峰点，如图 2-1 所示。

我们发现，如果这个寄生的尖峰上升并与 0dB 线相交时，它会导致系统进入一个不可恢复的不稳定状态，出现不太容易理解的波特图曲线。我们可以在电源中看到交替的脉冲（一个宽的脉冲，紧接着伴随着一个窄的脉冲，无限循环交替）。瞬态响应也会变得很差，甚至在稳定情况下，我们都不会察觉到有什么不同。

解决方案是降低这个次谐波的 Q 值，通过几步如增加更多的斜坡补偿，增加电感量，或是简单的将穿越频率降低到 $f_{sw}/5$ 以下（$f_{sw}/5$ 是 VMC 的最大穿越频率）。这种方式会增加 CMC 的安全稳定裕量。

为了将 Q 值降低到一个合理的值，一般是小于 2，可能是 1 或是 0.5，我们必须要有一个最小电感量，如图 2-2 所示。但是增加电感量又会带来新的问题，如图 2-3 所示。这个问题会关系到前沿尖峰，它能导致抖动，严重的情况下，会导致不能满载功率输出。

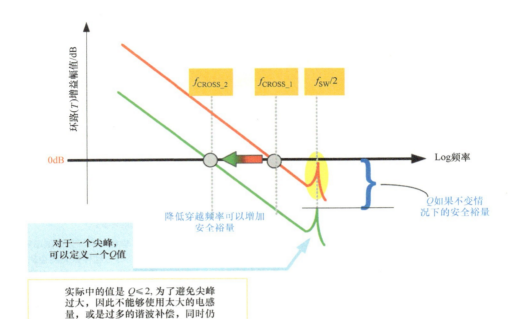

D > 0.5时CMC下的环路增益曲线

环路(T)增益幅值/dB

f_{CROSS_2}　f_{CROSS_1}　$f_{SW}/2$

0dB

Log频率

降低穿越频率可以增加
安全裕量

Q如果不变情
况下的安全裕量

对于一个尖峰，
可以定义一个Q值

实际中的值是 $Q \leqslant 2$，为了避免尖峰
过大，因此不能够使用太大的电感
量，或是过多的谐波补偿，同时仍
然可以维持一个较高的带宽

图2-1　在CMC中降低穿越频率可以提高安全裕量

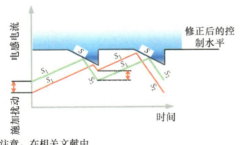

修正后的控
制水平

电感电流

S　S_1　S

S_1　S_1

S_1

S_2　S_2

S_2

施加扰动

时间

注意，在相关文献中
a) 我们称之的斜坡补偿"S"通常叫做"S_e"
b) 我们称之的上升斜坡"S_1"通常叫做"S_n"
c) 我们称之的下降斜坡"S_2"通常叫做"S_f"

如果电感L单位为μH，斜坡S单位为A/μs，且当
$Q \leqslant 2$时，我们可以得到：

$$L_{\mu H} \geqslant V_{IN} \times \frac{(D-0.34)}{SlopeComp_{A/\mu s}} \quad (Buck)$$

$$L_{\mu H} \geqslant V_O \times \frac{(D-0.34)}{SlopeComp_{A/\mu s}} \quad (Boost)$$

$$L_{\mu H} \geqslant (V_{IN}+V_O) \times \frac{(D-0.34)}{SlopeComp_{A/\mu s}} \quad (Buck-Boost)$$

Q（在半开关频率处的品质因数），
对于所有拓扑而言：

$$Q = \frac{1}{\pi [m_c D' - 0.5]}$$

这里 $m_c = 1 + \dfrac{S_e}{S_n}$; $D' = 1-D$

可以得：

$$S \times L = \frac{V_{ON}}{1-D} \times \left(\frac{1}{\pi Q} + D - 0.5 \right)$$

注：V_{ON}是在T_{ON}时刻电感两端的电压
稳态时：

$$V_{ON} / (1-D) = V_{OFF} / D.$$

我们可以利用此方程得到V_{ON}和D并
对于所有拓扑有：

$$S \times L = V_{IN} \times \left(\frac{1}{\pi Q} + D - 0.5 \right) \quad (Buck)$$

$$S \times L = V_O \times \left(\frac{1}{\pi Q} + D - 0.5 \right) \quad (Boost)$$

$$S \times L = (V_{IN}+V_O) \times \left(\frac{1}{\pi Q} + D - 0.5 \right) \quad (Buck-Boost)$$

图2-2　对于一个给定斜坡补偿，需要一个最小的电感量来实现$Q \leqslant 2$

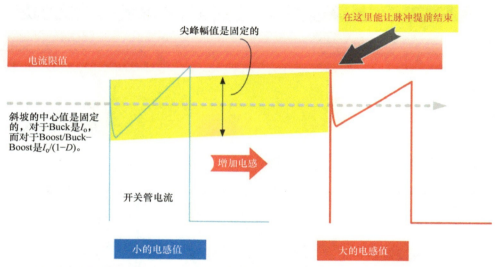

一个主要的考虑因素是前沿尖峰，它能产生抖动，在严重的情况下，满功率输出时会导致系统不稳定。如果我们增加电感量的话，在电流模式控制中，可能会导致开关脉冲提早关断，因为这样做无疑会提高电流尖峰叠加的平台。但是因为开关脉冲被提前关断了，所以在这个周期里传输的能量不足，那么在接下来的一个周期内，控制器会试图补偿输出更多的能量，结果就是输出一个更大的占空比。在这个过程中，可能会带来一些意想不到的帮助，因为在早期的前一个脉冲结束后，电感电流会有一个较长的回落时间，因此前沿尖峰叠加的平台下降，这通常可以帮助避免下一个周期的早期脉冲结束。我们在示波器上看到的就是交替出现的宽脉冲和窄脉冲，和我们在次谐波不稳定下得到的现象是一样的。我们会感到奇怪，因为我们认为增加电感量能帮助我们避免次谐波振荡，但是实际上看起来是进一步加强了振荡。前沿尖峰同样会导致在电流限值保护电路中出现不稳定响应，这不管是在 CMC 还是 VMC 中。我们不能够基于一个尖峰的大小设定一个有效的电流限值，特别是因为我们发现这个尖峰是分散性很强的，由于不可控的和 / 或那些非典型的寄生参数，每个产品都会不同。对于 CMC，我们当然可以设定一个较大的消隐时间，以及 / 或是对电流限制检测电路增加一些延时。但是这样做的话又会让我们面临着这样的危险，在实际中异常负载条件下可能会来不及及时响应，特别是如果电感开始饱和的时候，瞬态响应会变得更差。所以我们会需要增加电感的尺寸，因为我们开始时就是降低了电流的纹波率 r。

图2-3　增加电感量同样也会产生交替脉冲

假设我们增加电感量来避免这个问题，可能会导致开关脉冲的提前结束。因为我们故意地抬高了尖峰叠加的台阶，因此，只会有比需要更少的能量在这个周期内传递，然后在下一个周期里变换器试图给一个大的占空比来进行补偿。在这个过程中，可能会带来一些意想不到的帮助，因为在早期的前一个脉冲结束后，电感电流会有一个较长的回落时间，因此前沿尖峰叠加的平台下降，这通常可以帮助避免下一个周期的早期脉冲结束。

我们在示波器上看到的就是交替出现的宽脉冲和窄脉冲，这和我们在次谐波不稳定下得到的现象是一样的。

我们会感到奇怪，因为我们认为增加电感量能帮助我们避免次谐波振荡，但是实际上看起来是进一步加强了振荡。

对于电流模式控制，我们当然可以设定一个较大的消隐时间，以及／或是对电流限制检测电路增加一些延时。但是这样做的话又会让我们面临着这样的危险，在实际中异常负载条件下可能会来不及及时响应，特别是如果电感开始饱和的时候，瞬态响应会变得更差，这是因为之前说过的，采样中的任何延时都等效于一个与频率相关的相位延迟。如果我们不分青红皂白地增加谐波补偿，我们实际上将 CMC 转换为 VMC，然后波特图上又会出现 LC 尖峰点。这样我们似乎在原地转圈。毋庸置疑，带有输入电压前馈的 VMC 方式是当今最为推荐的选择。所以从这一点上来说我们以后可以忽略 CMC，不再看它。

2. 控制对象和反馈环节的贡献

在本书的第一部分中我们看到，对于一个真正的闭环级联反馈系统，不管这个模块到底是位于控制对象还是反馈环节中。$T = G \times H$，或是写成 $T = H \times G$，或是简写成通用的 $T = \Pi G_i$。任何扰动都被衰减了 $1/(1+T)$，$T = \Pi G_i$ 是相对于不存在反馈环节时的输出的结果。

任何实际中的控制环路中的关键因素是负反馈，即用来产生校正。其他级从扰动的角度来看的话，可以看成构成闭环系统中的修饰组成部分。不管增益或是相角的贡献来自于某个模块。我们只关心回路的净增益，如 T（如以 dB 表示，这样增益是对数相加，而相角是算术相加）。这也是为什么在第一部分中我们建议不要因为符号的位置不同而纠结，如 G 和 H，或是 H 和 G。

但在这里，我们仍然保证 G 和 H 的区别，仅仅是为了描述简洁化。所以，这里，G 是控制对象而 H 是反馈环节。如前所述，在某些文献中，他们是相反的，所以要注意。

注意到相移在 G 和 H 中都存在，不幸的是，控制对象的增益／相角曲线特性，G 是很大程度上不受我们控制的；另一方面，我们的补偿器（反馈环节 H）却是完全可以由我们控制。这是我们在一个闭环控制系统中两个模块唯一的不同。我们可以认为 H 是用来补偿或是调节任何控制对象 G 增益／相角的不理想情况。因此，研究的主题通常称之为环路补偿。

控制对象 G 增益特性的第一个弱点，为了实现一个理想的 T 的特性曲线，其直流增益不高，从最开始时基本上是平的，直到 LC 的谐振频率处（或称之为截止频率，L 和 C 分别为电感和电容）。我们可以这样问：G 的具体的低频／直流增益是多少？有三个简单的方程来回答这个问题，对于每一个基本拓扑。但是在这里我们仍然只关心 Buck 变换器。如果变换器的电感直流阻抗 DCR，以及输出电容的等效串联电阻 ESR 都为零的话，我们可以得到如下传递函数方程：

$$G(s) = \frac{V_{\text{IN}}}{V_{\text{RAMP}}} \times \frac{1}{\left(\dfrac{s}{\omega_0}\right)^2 + \dfrac{1}{Q}\left(\dfrac{s}{\omega_0}\right) + 1}$$

PWM 比较器的增益（G 的一部分）是 $1/V_{\text{RMAP}}$。类似的，功率级（Buck 开关，同样也是 G 的一部分）提供的增益为 V_{IN}。LC 后置滤波器（它也是 G 的一部分）提供了余下的增益部分，如频率相关的部分（包括了 s）。

实际上在文献当中，上述公式可以有很多不同的表达形式：

$$G_{\text{LC}}(s) = \frac{\dfrac{1}{LC}}{s^2 + s\left(\dfrac{1}{RC}\right) + \dfrac{1}{LC}}$$

$$G_{\text{LC}}(s) = K\frac{1}{S^2 + \dfrac{\omega_0}{Q}s + \omega_0^2}$$

$$G_{\text{LC}}(s) = \frac{1}{\left(\dfrac{s}{\omega_0}\right)^2 + \dfrac{1}{Q}\left(\dfrac{s}{\omega_0}\right) + 1}$$

$$G_{\text{LC}}(s) = \frac{1}{1 + 2\zeta\left(\dfrac{s}{\omega_0}\right) + \left(\dfrac{s}{\omega_0}\right)^2}$$

这里 $\omega_0 = 1/(LC)^{1/2}$，注意上式，$K = \omega_0^2$。Q 为品质因数，同样它也有许多种表达形式：$Q = (R/L)/\omega_0$ 或 $Q = R \times (C/L)^{1/2}$，R 是变换器中的负载阻抗。换一种方式，我们可以将传递函数写成阻尼系数 ζ 的函数，而 $\zeta = 1/2Q$。

注：LC 滤波器没有直流增值（0dB）。控制对象中所有的直流增益来自于 $V_{\text{IN}}/V_{\text{RAMP}}$ 项。为避免混淆，最好只使用上述公式最后两个表达方式，即以 s/ω_0 的形式。这样即可以清楚地看到 LC 滤波器不产生任何直流增益。换而言之，严格采用这个形式：

$$G_{\text{LC}}(s) = \frac{1}{\left(\dfrac{s}{\omega_0}\right)^2 + \dfrac{1}{Q}\left(\dfrac{s}{\omega_0}\right) + 1}$$

对于控制对象而言（包括了后置 LC 滤波器和开关级以及 PWM 比较器），最好的表达形式是

$$G(s) = \frac{V_{IN}}{V_{RAMP}} \times \frac{1}{\left(\dfrac{s}{\omega_0}\right)^2 + \dfrac{1}{Q}\left(\dfrac{s}{\omega_0}\right) + 1}$$

例如：从上式我们可以清楚地看到，G 中 V_{IN}/V_{RAMP} 只产生直流增益。如果 PWM 斜坡幅值为 1V，而输入电压是 12V，对于此直流增益，输出电压其增益为 12/1=12，换成分贝数，即为 21.5dB。通常这个直流增益不足以抑制低频纹波或是瞬态干扰，如第一部分所说的那样，因此我们需要利用反馈网络来提高增益 $G \times H = T$。电路中这样实现的办法是积分补偿器，如第一部分所述。

现在，我们描述了 LC 后置滤波器的行为，并提供了更为详细的 LC 滤波器传递函数。现在我们将考虑寄生参数。

3. LC 后置滤波器分析

我们再次回顾之前我们说到的例子（同样在《精通开关电源设计（第 2 版）》中可以找到）。

例：采用 300kHz 的同步降压控制器将 15V 变换为 1V。负载电阻为 0.2Ω（5A）。根据器件规格书，PWM 斜坡电压是 2.14V。选用的电感为 5μH，输出电容为 330μF，其 ESR 为 48mΩ。

最开始时我们仍然忽略掉 ESR。图 2-4 中即为滤波器随着负载变化的响应。注意到极端情况下，相位在转折频率（谐振点处 f_{LC}）突然产生 180° 相移，并在增益曲线中出现尖峰点，特别是当我们增加负载电阻时（增加 Q 值）。负载电阻是目前为止 LC 谐振中唯一的阻尼因素。所以如果它不存在的话，我们可以得到如下近似：

$$G(s) = \frac{V_{IN}}{V_{RAMP}} \times \frac{1}{\left(\dfrac{s}{\omega_0}\right)^2 + \dfrac{1}{Q}\left(\dfrac{s}{\omega_0}\right) + 1} \approx \frac{V_{IN}}{V_{RAMP}} \times \frac{1}{\left(\dfrac{s}{\omega_0}\right)^2 + 1}$$

结论：谐振频率由 s^2 项的系数决定，阻尼项是由 s 项的系数决定。

通常，如果我们得到一个二阶方程如下：

$$A(s)^2 + B(s) + 1$$

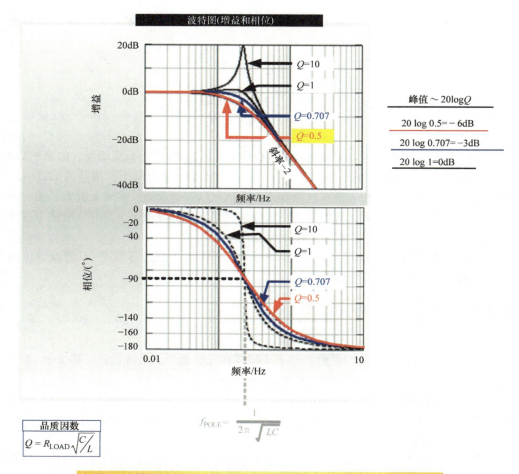

图2-4　假设DCR和ESR均为零，*LC*后置滤波器响应随负载变化而变化

我们可以得到谐振频率以及品质因数 Q 如下：

$$\omega_0 = \frac{1}{\sqrt{A}}; \quad Q = \frac{\sqrt{A}}{B}$$

如果 A 是单位增益（通常它也是这样），则：

Q 是 s 项系数的倒数。

现在我们增加 ESR 到系统中，但是仍然是在最大负载时。图 2-5 即为对应的增益函数。它引入一个 ESR 零点，一个比较好的近似函数为

$$G(s) = \frac{V_{\mathrm{IN}}}{V_{\mathrm{RAMP}}} \times \frac{\left(\dfrac{s}{\omega_{\mathrm{ESR}}} + 1\right)}{\left(\dfrac{s}{\omega_0}\right)^2 + \dfrac{1}{Q}\left(\dfrac{s}{\omega_0}\right) + 1}$$

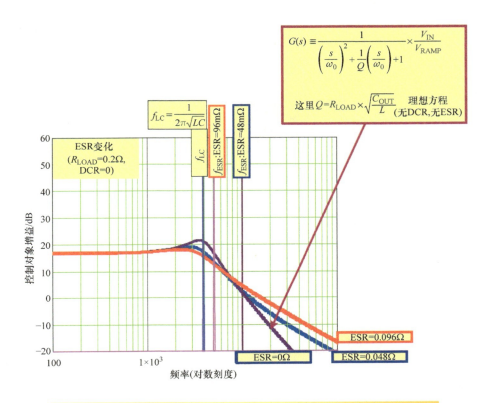

$$G(s) \equiv \frac{1}{\left(\dfrac{s}{\omega_0}\right)^2 + \dfrac{1}{Q}\left(\dfrac{s}{\omega_0}\right) + 1} \times \frac{V_{IN}}{V_{RAMP}}$$

这里 $Q = R_{LOAD} \times \sqrt{\dfrac{C_{OUT}}{L}}$　理想方程（无DCR，无ESR）

图2-5　*LC*滤波器输出电容ESR变化的影响，假设此时DCR为零且负载最大

现在我们将 ESR 设定为零，而加入 DCR 到传递函数中。同样做出增益曲线如图 2-6 所示（仍是最大负载）。

完备的传递函数（非近似的，包含 ESR 和 DCR）是如下所示：

$$G_{LC}(s) = \frac{\left(\dfrac{s}{\omega_{ESR}} + 1\right)}{\left(\dfrac{s}{\omega_0}\right)^2\left(1 + \dfrac{ESR}{R}\right) + s\left[\dfrac{L}{R} + \left\{DCR \times C \times \left(1 + \dfrac{ESR}{R}\right)\right\} + (ESR \times C)\right] + \left(1 + \dfrac{DCR}{R}\right)}$$

这里 $\omega_0 = 1/(LC)^{1/2}$ 和之前一样，R 是负载电阻，C 是输出电容但包含有 ESR，L 是电感但具有一定的 DCR。

如果按上式的话，很难简单地得到 Q 值的形式。

我们可以得到如下结论：

（1）ESR 零点的位置为角频率 $\omega_{ESR} = 1/(ESR \times C)$，所以 $f_{ESR} = 1/2\pi\,(ESR \times C)$。

（2）ESR 开始显著的改变 *LC* 双极点 −2 的斜率，在达到 *LC* 转折点频率处时接近 −1 的斜率。

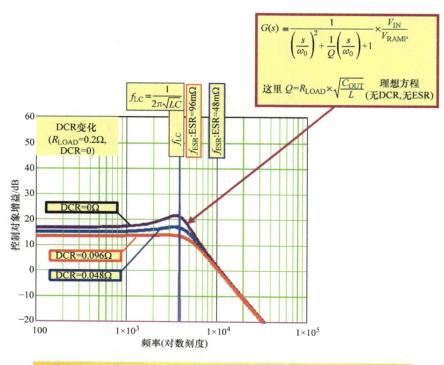

图2-6　*LC*滤波器的电感DCR变化的影响，假设此时ESR为零且负载最大

（3）因为 ESR 出现在 s^2 项里，所以它会影响转折频率点。DCR 同样如此，但是仅最终通过 $(1+DCR/R)$ 项稍微有点影响。

（4）ESR 和 DCR 都会影响 Q 值。

4. 建立起直觉

　　在进一步分析之前，让我们停下脚步，之所以停下来，是我们仍需要建立起一种直觉的方法。我们需要首先理解频域来自于何处（s 平面），并懂得拉普拉斯变换如何能帮助我们，以及什么时候它又不能帮助我们。

　　控制环路理论中的直觉有点像咖啡的味道，你需要后天尝试才能掌握它，因为它不是与生俱来的。反馈，一般来讲，如果再用之前的直觉来看的话，会容易导致方向错误，其中一个就是我们直觉中没有相角的认知。即使最基本的光学现象：干涉条纹，Thomas Young 直到 1801 年才用实验展示出来，但是自那之后多年都没有得到同行的认可。实验强调了相角的重要性，如接下来的反馈理论。

　　这里我们采用的方法在一定程度上是本末倒置的，首先理解 s 平面中的一些传递（增益）函数的行为。s 平面是具有实部和虚部，正的和负的频率，这和最开始说的一样，是反直觉的。好消息是，如果我们在 s 平面游刃有余的话，我们会建立起一种对于环路理论的直觉，这样将会看透这些复杂的表象。现在是时候转向数字环路控制了。

5. 对数对于我们来说是很自然的事

注意当做出增益 - 相角曲线的时候，我们可以看到，不管是采用对数坐标刻度还是采用线性刻度，都完全是等价的。我们需要时刻提醒自己一个 10 倍的变化是等价于 20dB。类似的，一个 1/10 倍的变化是等价于 –20dB。反而言之，10dB 对应的 3 倍的变化，因为 20log(3) ≈ 10dB。但是会发现没有人真正用分贝来谈论频率，所以我们这里要注意。相反，我们在图中用对数刻度来表征频率。但是记住如果我们对频率采样与增益用同样的表达方式，即以分贝来表示的话，那么不管是增益还是频率，20dB 的变换意味着是存在 10 倍的变化，而对于频率我们更常用十倍频程来表达。换言之，更直觉，20dB/decade 或是斜率为 1 的曲线实际上是与 20dB/20dB 等价的。如果以正切角度来表示，斜率为 1 即表示 tan45°，X/Y 轴上的距离相等。这也是为什么 +20dB/decade 也称之为 +1 斜率。类似的，–20dB/decade 为 –1 的斜率。以及 –40dB/decade 称之为 –2 的斜率。

再换种方式，典型的 –1 斜率，或是说 –20dB/decade，简单地说就是，如果频率变化 10 倍，增益同样以 10 倍的因子发生变化。

但是它不应该是反比变化的吗？

通常，增益变化任意 Z 倍，对应在频率上的变化也是 Z 倍——对于斜率是 –1 的曲线而言。而对于斜率为 –2 的曲线，如 LC 滤波器的双重极点增益曲线，–40dB/decade 或是 –2 斜率，简单地说，如果频率变化 Z（如增加 2 倍），增益也跟着以 Z^2（4倍）的下降。这是 $\propto 1/f^2$。类似如此这样。

另一种表示频率变化的方法是采用倍频程，而不是十倍频程。倍频程即简单的频率加倍。但是因为 $20 \times \log(2) = 6dB$，所以一些工程师喜欢将 –1 的斜率称之为 –6dB/ 倍频程而不是 –20dB/ 十倍频程。这样同样有，–1 斜率，同样有 –6dB/6dB，和 –20dB/20dB 意思一样，诸如此类。

我们可以总结得到：

（1）如果增益反比于频率变化，如增益 $\propto 1/f$，我们可以在对数坐标系上得到一个 –1（–20dB/dec）的斜率直线，这个通常来自于一个无功元件（如一个 RC 电阻电容组合）。

（2）如果增益反比于频率的二次方变化，如增益 $\propto 1/f^2$，我们可以在对数坐标系上得到一个 –2（–40dB/dec）的斜率直线，这个通常来自于两个无功元件（如 VMC 中的 LC 双重极点）。

（3）如果增益与频率呈正比关系，如增益 $\propto f$，我们可以在对数坐标系上得到一个 +1（+20dB/dec）的斜率直线。

（4）如果增益与频率呈正比关系，如增益 $\propto f^2$，我们可以在对数坐标系上得到一个 +2（+40dB/dec）的斜率直线。

对数是我们自然生活中最常用的级数。因为它表达的是固定比例。他们和自然对数的功能一样，本质上是几何级数。

例：我们有 10000 个电源在现场使用，每年失效率是 10%。这意味如果 2010 年正常工作的电源是 10000 个，那么到 2011 年只有 $10000 \times 0.9 = 9000$ 个。到 2012 年我们可能有 $9000 \times 0.9 = 8100$ 个好的电源。而在 2013 年的话，我们只有 7290 个正常的电源了。而到 2014 年的话，只有 6561 个电源，以此类推。如果我们将这些 10000、9000、8100、7290、6561 这些点按时间关系连起来，就可以得到非常熟悉的指数衰减函数。如图 2-7 左图所示，我们将同样的曲线再做一次图，右边曲线的纵轴采用对数刻度。注意到它现在看起来像条直线，它永远不能通过零点。稍后将会介绍对数坐标。

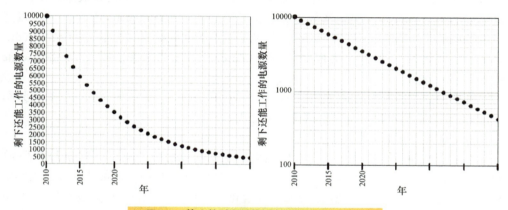

图2-7　等比数列在对数刻度上呈现为一条直线

最简单和最初始的假设是：固定的失效率会得到指数曲线。它是由一系列简单的间距均匀（间距很近）的数据点简单组成，这即是等比数列。也就是说，任何一点与之前一点的比值是常数（等间距）。所以如果 X 是横轴，我们可以得到纵轴上的函数为 $y(x)=a \times a \times a$（x 次相乘），如 $y(x)=a^x$。自然界的现象很多都是类似于指数形式的。如放射性元素半衰期、人口等。注意到所有的等比数列的曲线都可以看成是指数形式，但是更为准确的是，真正的指数曲线是这样的等比数列：函数 a^x 在某点的斜率等于函数本身，即：

$$\frac{d(a^x)}{dx} = a^x \quad 当\ a = 2.72\ （即"e"）$$

e 的特性为解决微分方程提供了巨大的便利性，这也是为什么 e 是无处不在的。

我们回忆对数刻度，和指数刻度相比，它是另一种不同的表达方式，所以这样表达同样的意义。这也是为什么任何对数乘以 2.303 可以得到了自然对数（ln）。相反地，如果我们将自然对数除以 2.303，我们得到其 log 常用对数值。转换公式如下：

$$\ln(10) = 2.303, \quad \frac{1}{\log(e)} = 2.303$$

与自然界关联起来，我们认识到声音和亮度是接近对数表达的。我们更倾向于感知分贝，而不是比例。这也是为什么我们的感知系统能处理很宽范围的光线和声音幅度（通过将它们挤压在一起），这基本上是对数形式的。

从图 2-8 中可以看到，对数 / 分贝和倍数之间的转换关系。

之所以用对数的原因是，在之前我们就知道，如果 $T = GH$，那么对数化后，$|T|=\log|G| + \log|H|$，简化可以写成 $T_{dB} = G_{dB} + H_{dB}$，这意味着我们可以将分贝进行算术相加，因为它们现在都是对数形式的了。

接下来，我们开始展示拉普拉斯变换的推导发展过程。如图 2-8 所示。

倍数	20×log(倍数)
×1	0dB
×1.5	3.5dB
×2	6dB
×3(2×1.5)	9.5dB(6+3.5)
×4(2×2)	12dB(6+6)
×5(10/2)	14dB(20−6)
×6(3×2)	15.5dB(9.5+6)
×7	17dB
×8(4×2)	18dB(12+6)
×9(3×3)	19dB(9.5+9.5)
×10(2×5)	20dB(6+14)

dB	比率	更容易记(比率)
1	1.122	
2(=12−10)	1.265(=$4\sqrt{10}$)	
3	1.414(=$\sqrt{2}$)	$\sqrt{2}$
4[=(20−12)/2]	1.581[=$(10/4)^{1/2}$]	
5(=10/2)	1.778[(=$\sqrt{10}$)$^{1/2}$]	
6	2	2
7	2.24(=$\sqrt{5}$)	
8(=20−12)	2.5(=10/4)	2.5
9(=6+3)	2.828(=$\sqrt{8}$)(=2 ×$\sqrt{2}$)	$\sqrt{8}$
10(=20/2)	3.17(=$\sqrt{10}$)	$\sqrt{10}$
11(=8+3)	3.536(=2.5×$\sqrt{2}$)	
12(=6×2)	4(=2^2)	4
13(=10+3)	4.472=$\sqrt{10}$×$\sqrt{2}$ =$\sqrt{20}$	
14(=7×2)	5(=$\sqrt{5^2}$)	5
15(=12+3)	5.657(=4×$\sqrt{2}$)	
16(=8×2)	6.25(=2.5^2)	
...	...	...
20(=10+10)	10	10

图2-8 从倍数转换到分贝，反之亦然

6. 从傅里叶级数到拉普拉斯变换

让我们开始回忆我们高中时所学的知识，我们将一个连续的波形分解成为离散的谐波分量，单独对每一次谐波分量进行分析，然后将它们最后相加重构得到结果。分解是以基波频率 ω_0 的形式。另外，存在一个直流分量，其值大小为 $a_0/2$（在某些文献中，也称之为 a_0）。

比较复杂的是如何将这个应用于开关变换器中。我们必须将相角用无量纲的弧度来表示（相对于时间和频率）。因为正弦和余弦函数不能直接应用到时间里。时间不是无量纲的，如图 2-9 所示的转换关系。关键的转换公式为

$$\frac{\theta}{2\pi} \leftrightarrow \frac{t}{T} \text{ , 有 } \theta \leftrightarrow \frac{2\pi t}{T}$$

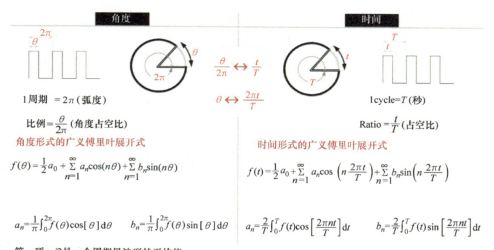

第一项 $a_0/2$ 是一个周期里波形的平均值
→ 最简单的办法是首先计算一个单位脉冲时的所有傅里叶系数，然后再用实际的幅值乘以对应的系数

图2-9　傅里叶级数中的相角和时间的内在关联

同样也可以写成：

$$\theta \leftrightarrow 2\pi f \times t \equiv \omega t$$

利用这个，我们得到一个时间上重复/周期性的波形表达式，如开关变换器中使用的那样：

$$f(t) = \frac{a_0}{2} + \sum_{n=1}^{\infty} a_n \cos(n \times \omega_0 t) + \sum_{n=1}^{\infty} b_n \sin(n \times \omega_0 t)$$

每次谐波分量的幅值为

$$a_0 = \frac{1}{\pi} \int_{-\pi}^{\pi} f(t) \, \mathrm{d}t$$

$$a_n = \frac{\omega_0}{\pi} \int_0^T f(t) \cos (n \times \omega_0 t) \, \mathrm{d}t$$

$$b_n = \frac{\omega_0}{\pi} \int_0^T f(t) \sin (n \times \omega_0 t) \, \mathrm{d}t$$

实际上，我们所说的"频域"，除了目前为止这个频域是简单的离散频率序列，以区别开我们称之的基波频率。

通过引入指数函数，这个技术进一步发展成为复合傅里叶级数。但是它仅是为了简单计算而引入的一种数学重构方法，并基于如下熟知的公式：

$$\mathrm{e}^{\mathrm{j}\theta} = \cos\theta + \mathrm{j}\sin\theta$$

$$\mathrm{e}^{-\mathrm{j}\theta} = \cos\theta - \mathrm{j}\sin\theta$$

$$\sin\theta = \frac{\mathrm{e}^{\mathrm{j}\theta} - \mathrm{e}^{-\mathrm{j}\theta}}{2\mathrm{j}}$$

$$\cos\theta = \frac{\mathrm{e}^{\mathrm{j}\theta} + \mathrm{e}^{-\mathrm{j}\theta}}{2}$$

注意到，在标准的电力分析中，$\theta = \omega t$。

例子：利用上述方程，我们可以推演出指数函数 $f(\theta) = \mathrm{e}^{\mathrm{j}\theta}$ 的幅值和相角，如：

幅值 $\qquad (\mathrm{e}^{\mathrm{j}\theta}) = \sqrt{\cos (\theta)^2 + \sin (\theta)^2} = 1$

相角 $\qquad (\mathrm{e}^{\mathrm{j}\theta}) = \tan^{-1}\left(\frac{\sin\theta}{\cos\theta}\right) = \tan^{-1}\tan\theta = \theta$

利用如下例子来开始：

$$5\cos\theta + 12\sin\theta$$

利用指数函数我们可以得到：

$$5\cos\theta + 12\sin\theta = (2.5 + 6\mathrm{j})\mathrm{e}^{-\mathrm{j}\theta} + (2.5 - 6\mathrm{j})\mathrm{e}^{\mathrm{j}\theta}$$

现在我们可以得到实的和虚的谐波分量，它仅仅是数学上的计算方便，这称之为复合傅里叶级数。

一般地：

$$f(\theta) = \sum_{-\infty}^{\infty} C_n \mathrm{e}^{\mathrm{j}n\theta}$$

所有的频率都是离散的间隔区间，而且都是存在负或正的分量。

在我们的例子中，将 θ 用 $\omega_0 t$ 代替，我们可以解出 C_n 如下：

$$c_n = \frac{\omega_0}{2\pi} \int_0^T f(t)\, \mathrm{e}^{-jn\omega_0 t}\mathrm{d}t \ , \ \text{或等效}: c_n = \frac{1}{T} \int_0^T f(t)\, \mathrm{e}^{-j\frac{2\pi n}{T}t}\mathrm{d}t$$

这也是我们如何能够在时域（t）和频域中（以离散的 $n\omega_0$ 频率数列）来回转换的关系式。

不存在连续的一维或是二维频率分布，接下来会讲到。

在历史上，接下来做的是利用分解技术将非重复的波形进行分解，这需要用到傅里叶变换。这里将离散频率相加变成一个平滑积分，分解方程如下：

$$f(t) = \frac{1}{2\pi} \int_{-\infty}^{\infty} F(\omega)\, \mathrm{e}^{j\omega t}\mathrm{d}\omega$$

所以，不用 $n\omega_0$，现在我们得到一个平滑（连续）的变量 ω。

在一定程度上每次谐波的幅值是 $F(\omega)$，即傅里叶级数中的 C_n。它称之为傅里叶变换。通过这个，我们可以分析每个频率 ω 下的作用。通过定义 $s = j\omega$，s 是频率平面／频域。但是它实际不是一个平面，只是一个一维的连续分布。用现代的二维 s 平面的话来说，二维平面在直角坐标系中存在实轴和虚轴，我们可以想象认为傅里叶变换只在此平面的虚轴上变换。

傅里叶变换（谐波的幅值）是 $s = j\omega$ 的函数：

$$F(s) = \int_{-\infty}^{\infty} \mathrm{e}^{-st} f(t)\,\mathrm{d}t$$

注意交换性，我们可以计算：

$$F(\omega) = \int_{-\infty}^{\infty} \mathrm{e}^{-j\omega t} f(t)\mathrm{d}t \equiv \int_{-\infty}^{\infty} (\cos \omega t) f(t)\mathrm{d}t - j\int_{-\infty}^{\infty} (\sin \omega t) f(t)\mathrm{d}t$$

换言之，傅里叶变换的实数部分可通过将时域信号乘以余弦函数（谐波）然后再对其进行积分（积分范围是 $-\infty$ 到 $+\infty$）。复数部分是利用正弦函数得到的。

存在许多扰动信号函数（施加的扰动类型种类繁多），如阶跃函数，在傅里叶变换器中如果直接进行 $-\infty$ 到 $+\infty$ 的积分我们不能得到一个有限收敛的结果。正因为如此，一个新的分解技术产生了，称之为拉普拉斯变换，它通过在这个积分中增加一个指数衰减函数，这样可以得到强制收敛的结果。实际中，我们这样做（σ 是一个实数）：

$$F(s) = \int_0^{\infty} \mathrm{e}^{-st} f(t)\mathrm{d}t = \int_0^{\infty} \mathrm{e}^{-\sigma t} \times \mathrm{e}^{j\omega t} \times f(t)\mathrm{d}t \Rightarrow \text{积分}\ [(\text{指数包络}) \times (\text{振荡}) \times (\text{函数})]$$

$$F(\omega) = \int_0^\infty e^{-\sigma t} e^{-j\omega t} dt$$

$$F(\omega) = \int_0^\infty f(t) \ e^{-\sigma t} e^{-j\omega t} dt = \int_0^\infty f(t) \ e^{-(\sigma+j\omega)t} dt$$

$$F(s) = \int_0^\infty f(t) \ e^{-st} dt \ , \ s = (\sigma + j\omega)$$

如果 $\sigma = 0$，实际上仍然还是傅里叶变换。积分的限值同样发生了少许变化。因为在拉普拉斯变换当中，我们一般总是假设在 $t=0$ 时刻前不存在信号 / 脉冲 / 扰动。

拉普拉斯变换是采用新的符号 L 来表示。

$$L\{f(t)\} = F(s) = \int_0^\infty f(t) \ e^{-st} dt$$

再次我们可以看到这只是一个谐波幅值，类似于傅里叶级数中的 C_n。当然，不再存在谐波分量，但还是一个连续的频谱分布。

我们仍然可以通过如下公式变换到时域：

$$F(s) = \int e^{-st} f(t) dt = \int e^{-(\sigma+j\omega)t} f(t) dt = \int e^{-\sigma t} f(t) dt + \int e^{-j\omega t} f(t) dt$$

$$F(s) = \int e^{-\sigma t} f(t) dt + \int (\cos \omega t - j\sin \omega t) f(t) dt$$

$$F(s) = \int e^{-\sigma t} f(t) dt + \int (\cos \omega t) f(t) dt - j \int (\sin \omega t) f(t) dt$$

换言之，拉普拉斯变换是通过将时域信号乘以余弦函数（谐波）然后进行无穷积分，并加上第一项到上面。而复数部分是利用正弦波形相加得到。

注意到 σ 只是 s 平面的实部（X 轴）。所以我们延伸到 s 平面的左侧或右侧，实际上，加入逐渐提高修正项的包络试图强迫收敛以保证积分成功。我们可以利用拉普拉斯反变换来返回到时域再"更正"结果。

注意到此方法仍然不会无条件的强制收敛，所以在广义的拉普拉斯变换中是利用一个通用的激励信号 $f(t)$，我们也要需要关注可收敛区域（ROC），但这也超出了这里讲解的范畴。

注意到 s 平面存在实数和虚数值，除了正的和负的值的外，这里仍然最好将它们看成一个是数学上的概念。但是现在它是一个二维的连续的分解频率，对应分解频率的相对相位是由直角坐标系中的两个轴组成，一个称之为 σ；另一个称之为 $j\omega$。

但是可以看到，时域是完全的实数的域，这 s 平面的上半平面只是下半平面的镜像。换而言之，任何极点或是零点将有一个对应的点在 0dB 以下。后面我们将详细讲到。

我们讲了足够的数学知识，现在我们来看看真正能干些什么。在图 2-10 中，我们可以看到当将指数项施加到预先处理过的谐波分量上面，值的大小取决于离中心点的水平距离，我们从垂直 Y 轴的虚部频率上看去，它们基本上是加权的傅里叶变换。这些组成了谐波分量，在这种情况下是一个真正平滑的频谱的一部分。

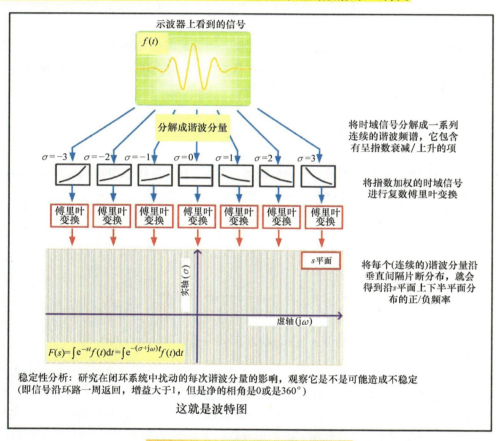

图2-10   拉普拉斯变换分解过程解析

最后，在图 2-11 中，我们将一些常用的拉普拉斯变换函数做成一个表，如第一部分中的对数表一样。拉普拉斯变换现在相对容易，并可以被我们熟练使用，这是因为这些枯燥的变换在很早之前就有人完成了，我们只需要进行查表即可。注意到单位阶跃函数的拉普拉斯变换，如图 2-12 所示，它是存在的，并且等于 1/s。通过傅里叶变换的话，这个积分过程会崩溃。

重申，拉普拉斯变换的基本意义在于：

一些特殊函数的拉普拉斯变换

$f(t)$		$F(s)$
单位脉冲函数：	$\delta(t)$	1
单位阶跃函数：	$H(t)$	$\dfrac{1}{s}$
斜坡函数：	$tH(t)$	$\dfrac{1}{s^2}$
延时的单位脉冲函数：	$\delta(t-T)$	e^{-sT}
延时的单位阶跃函数	$H(t-T)$	$\dfrac{e^{-sT}}{s}$
矩形的脉冲函数	$H(t)-H(t-T)$	$\dfrac{1-e^{-sT}}{s}$

一些标准函数的拉普拉斯变换

$f(t)$	$F(s)$
1	$\dfrac{1}{s}$
$e^{-\alpha t}$	$\dfrac{1}{s+\alpha}$
$\dfrac{1}{T}e^{-\frac{t}{T}}$	$\dfrac{1}{1+sT}$
$1-e^{-\alpha t}$	$\dfrac{\alpha}{s(s+\alpha)}$
$te^{-\alpha t}$	$\dfrac{1}{(s+\alpha)^2}$

$f(t)$	$F(s)$
$\sinh \beta t$	$\dfrac{\beta}{s^2-\beta^2}$
$\cosh \beta t$	$\dfrac{s}{s^2-\beta^2}$

图2-11 一些常用的拉普拉斯变换

（1）如果我们在频域里，控制对象和补偿器的模型是很精确的，并在 s 平面里有计算出来的传递函数，然后将他们用一个任意脉冲以拉普拉斯变换来表达，如阶跃的参考点，我们可以分析得到系统的响应输出。

（2）然后返回到时域，我们能够在输出上看到振荡，这个对应扰动的结果。

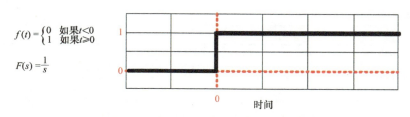

$$f(t) = \begin{cases} 0 & \text{如果} t<0 \\ 1 & \text{如果} t \geqslant 0 \end{cases}$$

$$F(s) = \frac{1}{s}$$

时间

但是 Lloyd Dixon 说过（见第一部分），我们的控制对象和补偿器的模型只有在小信号变化时才有效，那么如果我们突然将变换器的负载从零加到最大负载的话，这还仍然适应吗？哪怕是半载呢？

如果我们这样做的话，我们实际上会发现另一个很大的问题，这个问题在我们之前的分析中没有揭示出来。我们可能在过去碰到过它，但是对于实验台上的结果与我们理论的计算结果出现不可思议的不同时，我们并不做任何解释，只是将这差异归咎于寄生参数。

事实上为了弄清楚在大信号下的输出振荡，并加以抑制，需要从另一个角度来分析，如我们现在揭示的一样，它远超过 Dixon 在讨论条件稳定时暗示的情况。

7. 基本模块：极点和零点

在我们学习掌握数学直觉的时候，我们现在已经熟练掌握了 s 平面一些常用函数的增益/相角曲线特性。因为它们是控制对象和补偿器中经常使用到的模块。

历史上，极点和零点是通过如下的方式来解释，任何一个传递函数最终可以写成如下的通用表达形式：

$$T(s) = \frac{V(s)}{U(s)} = k\frac{a_0 + a_1s + a_2s^2 + a_3s^3 + \cdots}{a_0 + a_1s + a_2s^2 + a_3s^3 + \cdots}$$

$$= K\frac{\frac{s}{Z_0}\left(\frac{s}{z_1} - 1\right)\left(\frac{s}{z_2} - 1\right)\left(\frac{s}{z_3} - 1\right) \times \cdots \times \left(\frac{s}{Z_1} + 1\right)\left(\frac{s}{Z_2} + 1\right)\left(\frac{s}{Z_3} + 1\right)\cdots}{\frac{s}{P_0}\left(\frac{s}{p_1} - 1\right)\left(\frac{s}{p_2} - 1\right)\left(\frac{s}{p_3} - 1\right) \times \cdots \times \left(\frac{s}{P_1} + 1\right)\left(\frac{s}{P_2} + 1\right)\left(\frac{s}{P_3} + 1\right)\cdots}$$

带有 "–" 号的项是有点讨厌，因为它们的解或是位置的形式是 $s = z_n$（零点）或是 $s = p_n$（极点）。它们是位于右半平面（s 平面），并且我们知道，当返回到时域时，这些项能够产生幅值呈指数增加的波形，这是我们需要避免的。相反的，带有 "+"号的项很合适，因为他们的解或是位置的形式是 $s = -z_n$（零点）或是 $s = -p_n$（极点）。它们是位于左半平面（s 平面），这样当我们返回到时域时，这些项能够产生幅值呈指数衰减的波形，这意味着振动最终是减弱的，这是我们所期望的。

但是，将零极点写成上面的样子，虽然没有错，但是因为它隐藏了一些信息，所以会产生误导。毕竟，P_n 可能会是负的。这会导致产生 RHP 右半平面极点。它也可能是虚数，它实际上的表现形为是什么样的？如此等等。

同时考虑到事实上 LC 滤波器的双极点的形式：

$$A(s)^2 + B(s) + 1$$

求解，我们得到：

$$s = \frac{-B \pm \sqrt{B^2 - 4A}}{2A}$$

所以我们得到两个对偶的根，可以写成这个形式：

$$\left(s - \frac{-B + \sqrt{B^2 - 4A}}{2A}\right) \times \left(s - \frac{-B - \sqrt{B^2 - 4A}}{2A}\right)$$

在最坏情况下，$4A$ 会大于 B^2，这时极点可能会是虚数。这样的话，根是复数形式 $a + jb$ 以及 $a - jb$。这意味着每个极点在 0dB 参考线上下存在一个映射的点。

所以，现在可能很难看到如何，或者为什么我们要将上面的 LC 双极点传递函数分解成 $(s - x)(s-y)$ 的形式，如上面普遍意义的形式。

8. 做出一些常用传递函数的波特图

实际中的情况远比普遍描述的零极点方程要复杂，所以我们决定返回到基本的同时是一些我们经常可能会用得到的传递函数。利用 Mathcad，我们可以将它们做出图来并看曲线是什么形态。

在图 2-13 做出了 6 个常见的可以产生出极点的传递函数，类似的 6 个常见的可以产生零点的传递函数也在图 2-14 中做出来了。所有的 12 个图是按次序编号，我们在下面的讨论中会引用到。

最后，图 2-15 给出了它们在 s 平面上的位置。

我们现在来讨论图 2-13 以及图 2-14 的曲线：

（1）#1 是一个很关键的函数，我们经常会碰到，它的函数表达形式为

$$H(s) = \frac{1}{\dfrac{s}{\omega_0}}$$

它具有无限大的直流增益，并以 -20dB/dec(-1 斜率) 下降。它在角频率 ω_0 处穿越，或是说 $f_0 = \omega_0/2\pi$。它是一个简单的一阶零极点或是说初始极点。它就是第一部分中图 1-29 中所讨论的积分器。同样可以在图 2-16 中看到它的应用。它是任何模拟补偿网络中必不可少的一个部分。

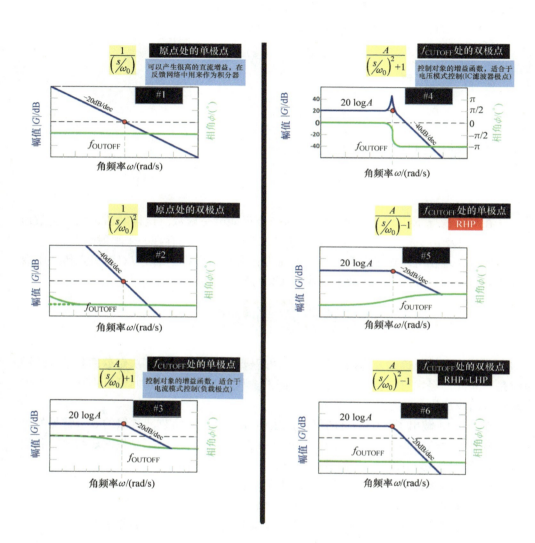

图2-13 一些可以产生极点的函数

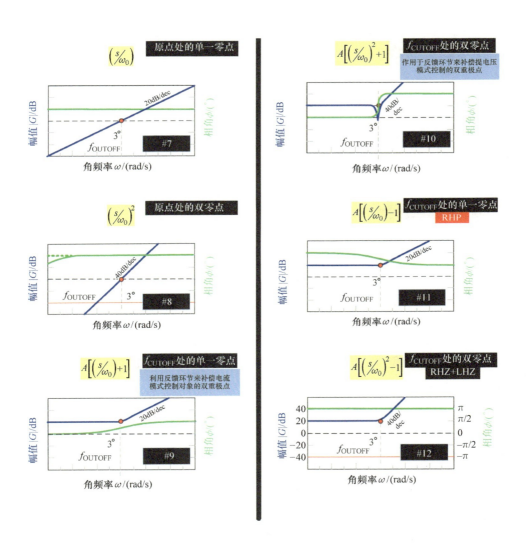

图2-14　一些可以产生零点的函数

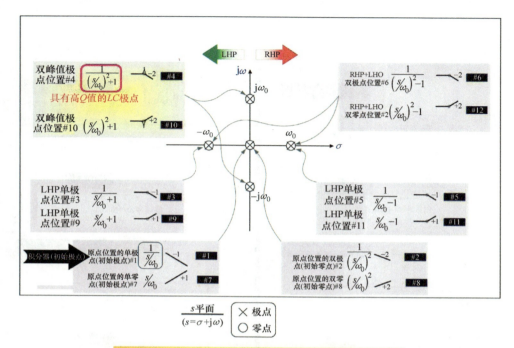

图2-15 前面两个图中的零点(O)和极点(X)的分布位置

这个函数对应的相角为 $-90°$，所以加上来自于负反馈的 $-180°$，我们现在得到 $-270°$，这样相角裕量为 $360°-270° = 90°$。这即是为什么它是环路增益 T 最理想的曲线形式的原因。

（2）#2 的函数表达形式为

$$H(s) = \frac{1}{\left(\dfrac{s}{\omega_0}\right)^2}$$

我们可以简单地认为是两个在原点处的重合极点。

$$H(s) = \frac{1}{\left(\dfrac{s}{\omega_0}\right)} \times \frac{1}{\left(\dfrac{s}{\omega_0}\right)} \equiv H_1(s) \times H_2(s) \Leftrightarrow H_{dB}(s) = H_{1\_dB}(s) + H_{2\_dB}(s)$$

之所以这个函数没有用的原因是其净的相角滞后已经是 $180°$，所以它不会有任何相角裕量，故我们忽略掉。

（3）#3 的函数表达形式为

$$G(s) = \frac{1}{\left(\dfrac{s}{\omega_0}\right) + 1}$$

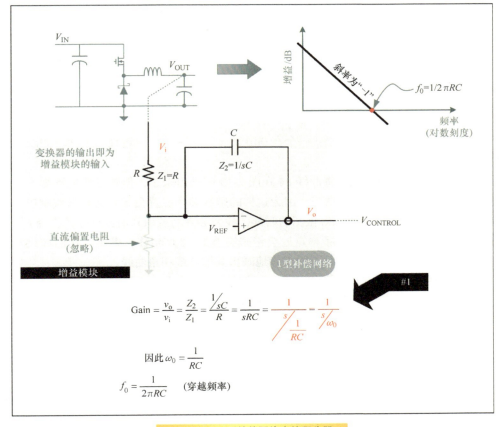

图2-16　1型补偿网络中的积分器

这个极点的位置是当增益崩溃的时候，即当分母为0的时候，如下：

$$\left(\frac{s}{\omega_0}\right) = -1, \quad 所以 \ s = -\omega_0$$

我们知道最常用的表达形式是，$s = \sigma + j\omega$，其中，σ 是频率的实部，ω 是其虚部。s 平面通常纵轴是用 $j\omega$ 表示，而水平横轴用 σ 表示。

所以这个函数产生的是一个一阶零点，位于 $-\omega_0$ 处，这是在实轴左半平面 (LHP)，见图 2-15 中的位置。

注意到因为 LHP 极点和零点是我们通常会碰到的，所以默认的是 LHP，除非另有陈述，如 RHP（右半平面）。

注意到极点的位置，因为分母为零时，增益无穷大。但是这只是直觉上正确的。实际中，因为我们是处理虚数，在这个频率处增益的幅值并不是无穷大。如果我们将其波特图做出来，我们会发现它实际上是下降的——就和图 2-13 中的看到的一样。

（4）#4 的函数表达形式为

$$G(s) = \cfrac{1}{\left(\cfrac{s}{\omega_0}\right)^2 + 1}$$

其解如下：

$$\left(\frac{s}{\omega_0}\right)^2 = -1 , (s)^2 = -\omega_0^2 \quad 得到：s = \pm j\omega_0$$

因此我们得到共轭复数根：一个在 0dB 之上；另一个正对着在其下面。如图 2-15 所示的那样。

注意到，虽然我们已经将曲线 #4 在图 2-13 中画出来了，但这是我们不得不加入一些"东西"来才能够做出图来。因为这样的虚数频率位置会导致尖峰增益响应。事实上当我们对 #4 利用 Mathcad 做图的时候，我们会立马意识到谐振点处的尖峰 / 峰值是无限大的。另外，在谐振频率点处会带来突然的 180° 相移。事实上我们如果不对 #4 稍微进行修正的话，甚至都不能正确地画出其增益或相角曲线。

在这里我们引入一个小的阻尼项。我们现在知道阻尼项来自于 s 项，所以我们在 s 项中引入 v，函数变成如下所示：

$$G(s) = \cfrac{1}{\left(\cfrac{s}{\omega_0}\right)^2 + v\left(\cfrac{s}{\omega_0}\right) + 1}$$

本质上，我们只需要很小的非零的 v 值即可。这样我们就可以将图做出来了。

或是用 Q 来表示，重写上述的公式：

$$G(s) = \cfrac{1}{\left(\cfrac{s}{\omega_0}\right)^2 + \cfrac{1}{Q}\left(\cfrac{s}{\omega_0}\right) + 1}$$

在这里 Q 为品质因数，且 $Q=1/v$。

这样完整的函数，包含有 Q，是我们最常见的函数。它由控制对象得到，但不包含反馈电路部分。因此这里我们用 G 而不用 H 表示。特别地，它是来自于开关变换器的 LC 后置滤波器，如图 2-17 所示。

无限大的 Q（很小的 v）值会导致尖峰无限大（s 项不存在的话），这样的话，没有合适的数学工具能将他们画出来，因为增益是无限大的。但是它同样也不存在于真正的自然界中，所以这不仅仅是数学工具的一个限制。Q 可以非常大非常大，但是它总是一个可控有限的数值。

我们现在同样可以看到，零极点现在是跳出了实轴，需要用虚数来表示，其对应的函数呈现出来越来越高的尖峰。从这个意义上来说，频率的位置可以是任意的，但是是虚数的，这和它们实际上得到的情况一样。

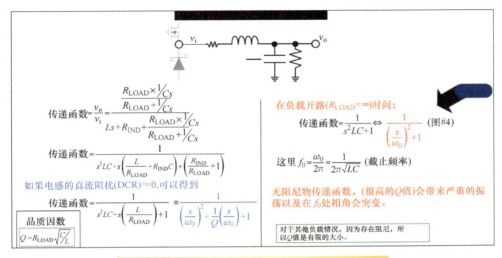

图2-17　后置LC滤波器的Q值很高（输出无负载）

（5）#5 的函数表达形式为

$$G(s) = \frac{1}{\left(\dfrac{s}{\omega_0}\right) - 1}$$

其根的位置为 $s = \omega_0$，它是一个 RHP 极点，不像常规的 LHP 极点（相角在截止频率处是下降的）一样，而它是上升的。这和在绝大多数开关变换器中见到的 LHP 极点零点相违背，因此我们忽略掉这个极点。

（6）#6 的函数表达形式为

$$G(s) = \frac{1}{\left(\dfrac{s}{\omega_0}\right)^2 - 1}$$

这会产生两个极点，但实际上我们认为它们是双重极点，一个是在 RHP；一个是在 LHP，通过因式分解分母我们得到：

$$\left[\left(\frac{s}{\omega_0}\right) - 1\right] \times \left[\left(\frac{s}{\omega_0}\right) + 1\right]$$

相角在这里的贡献是相互抵消的，因为它不会产生相移（如图 2-13 所示）。这是一个纯的增益，但为什么用它来产生直流增益会导致不必要的混乱呢？

（7）#7：它和 #1 是相反的，它是一个初始零点，它会降低直流增益，所以实际中也不会用到，故忽略掉。

（8）#8：它其实是由 2 个 #7 构成，如原点处的双零点，同理，我们也忽略掉它。

（9）#9：这是一个简单的一阶 LHP 零点，其形式为

$$H(s) = \left(\frac{s}{\omega_0}\right) + 1$$

我们可以用这样的两个单一零点来抵消掉 LC 滤波器的双极点。这也是我们在第一部分中的 3 型补偿网络中所讲到的。

（10）#10：这是对 LC 双极点的补充，它产生的双零点会让增益降低。同样的，我们也需要引入 Q 才能将其图做出来。

$$H(s) = \left(\frac{s}{\omega_0}\right)^2 + \frac{1}{Q}\left(\frac{s}{\omega_0}\right) + 1$$

虽然这个函数理论上可以用在反馈环节中以提供两个零点，并精确地抵消掉来自于控制对象的 LC 双极点。因此这里我们用 H 而不是 G 来代表。这个传递函数告诉了我们一些鲜为人知的事情：

如果我们谈论控制对象的 Q 值，为什么我们不能说补偿器的 Q 值？它可能同样是一种定义标准补偿策略的方式，而不是仅仅用 #9 那样的两个零点。

后面马上会有更多的关于 #10 传递函数的使用方法。

（11）#11 的函数表达形式为

$$G(s) = \left(\frac{s}{\omega_0}\right) - 1$$

将其幅值和相角曲线图做出来，我们会发现它是一个零点，因为增益会一直向上增加。但是随着增益的增加却伴随着相角的减少，而不是像常规的 LHP 零点一样相角增加。我们必须尽量避免 LHP 零点和 LHP 极点，因为当我们返回到时域中的时候，会发现它们产生不断增加的振荡响应。后面会讲得更多。

遗憾的是，RHP 零点在 Boost 和 Buck-Boost 拓扑中的确存在，但是在 Buck 中不存在。直觉上的，这个零点一般在 Boost 和 Buck-Boost 里这样解释的：能量仅在开关管关断时候才被传递到输出端。但是如果现在突然负载增加，输出会跌落，控制环路会增加开关管的导通时间以试图存储更多的能量。但是这实际上减少了向输出端传递能量的时间，所以输出会短暂地继续下跌。

LHP 零点是很难让其稳定或是说避开，通常唯一的解决办法是将环路的截止频率设置得相当低（与 Buck 相比）。

（12）#12 的函数表达形式为

$$G(s) = \left(\frac{s}{\omega_0}\right)^2 - 1$$

这的确产生了两个零点，但是实际上它们可以看作是两个双重零点，一个在 RHP；一个在 LHP，因式分解可得：

$$G(s) = \left[\left(\frac{s}{\omega_0} \right) - 1 \right] \times \left[\left(\frac{s}{\omega_0} \right) + 1 \right]$$

如图 2-15 所示，其根是沿实轴分布，分别位于 +ω_0 和 -ω_0。所以这是两个相反类型的零点，结果就是在谐振频率处因为抵消而不产生相移。它们的确抵消了相移，但是产生了增益。这也不是十分有效，如对应 #6 的极点那样。

9. 常用传递函数小结

我们现在懂得了在频域中一些常用的传递函数的表现形为，也知道了零极点的位置。我们可以在设计模拟补偿环路时看到它们，或是在本书的第一部分里找到它们。

我们现在强烈地意识到，不仅仅相移（如果存在）是在谐振频率处很重要的参数，同时实际上的（净）相角——为了防止 0dB 增益时的 180° 相移也是很重要的参数（这是在一些相关文献中时常被忽略掉的一个问题）。如：函数"$1/(s/\omega_0)$"有一个固定的 90° 相角延迟，它的转折频率非常低，从公式上看不出来，频率也不能被定义或者通过做图表现出来。但是因为它看起来是与频率无关的，只产生 90° 相移，这样只给我们留下了 90° 的相角裕量。这也是我们为什么一定要抵消掉这个来源于控制对象极点的原因，不管它是来源于电压模式控制（VMC）中的 L 和 C_{OUT}，还是电流模式控制（CMC）中的 R_{LOAD} 和 C_{OUT}。

同时我们还知道要避免 RHP 零点和 RHP 极点。它们在时域中会导致问题变得更为糟糕，而 LHP 则和我们期望的表现结果一样。为了更清楚地展示出来，先从拉普拉斯变换的定义入手：

$$F(s) = \int_{-0}^{\infty} e^{-st} f(t)\, dt$$

我们计算这个指数衰减函数 e^{-at} 的拉普拉斯变换（我们总是假设拉普拉斯变换是从 $t=0$ 开始），其结果为 $1/(s+a)$。同样可参考表 11。换个表达方式，阶跃函数 $1/(s+a)$ 的反拉普拉斯变换结果为 e^{-at}，这是一个完美的指数衰减函数，对于任何 a（实数且为正数）来说。

但是函数 $1/(s+a)$ 的真正是什么？由定义可知，-a 频率处的极点（假设 a 是正实数），它是位于 s 平面的左半部分。我们意识到单位阶跃函数 $1/s$ 或是 $1/(s+a)$ 在时域中，是一个表现很优秀的函数，它是随时间指数衰减的。

在电源里，我们处理的极点和零点是在 LHP。我们最好避免 RHP 零点或是极点。因此在 Boost 和 Buck-Boost 拓扑中，我们需要显著地降低变换器的带宽（穿越频率），基本上没有其他办法来解决这个特殊的 RHP 问题。

10. 从模拟走向数字补偿

基于新的理解，对于一个电压模式控制（VMC）的 Buck 变换器而言，经典的模拟环路控制补偿策略一般是：

a. 在反馈环节中构造出一个零极点 p0（#1）

b. 检查 LC 谐振频率处双极点的位置（#4）

c. 在 LC 双极点频率位置两个 LHP 零点 (z1 和 z2)（#9）

d. 注意 ESR 零点的位置（#9）

e. 用一个 LHP 极点 p1 来抵消掉 ESR 零点（#3）

f. 在 f_{CROSS} 频率处，放置一个高频 LHP 极点 p2，$10 \times f_{CROSS}$ 或是 $f_{SW}/2$。

参考图 2-18，它即为标准的模拟补偿策略流程。

而在数字补偿中，我们会用下面的步骤取代上述的步骤 c（很快会讲到）：

C 将一个二阶零点放置在 *LC* 极点频率处（#10）。

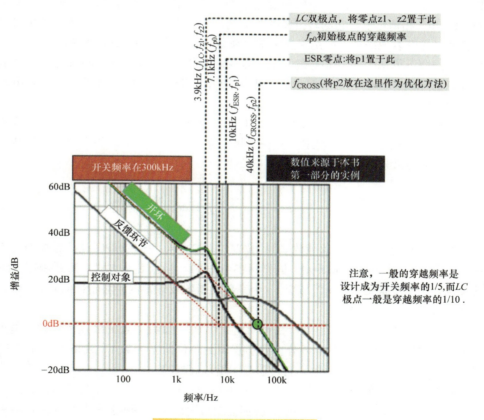

图2-18　经典模拟补偿策略

11. 传递函数的峰值

从前面的章节我们会意识到一些概念，通过图 2-13 和图 2-14 中的不同传递函数的图，并在图 19 中清楚地展现出来。例如：如果极点和零点是位于虚轴的话，我们会看到一个尖峰的响应值（理论上，沿纵轴上会是一个无限大的尖峰值）。同样，如果极点和零点是沿实轴分布的话，我们会得到一个阻尼响应。

再看图 2-19，我们试图理解在传递函数中哪一项会导致尖峰。如前所述，在最开始的时候，我们为了将 #4 做出来已经加了一个小的项（s 项）。否则尖峰会是无限大，其对应的相角在谐振频率处会突然出现急剧变化。

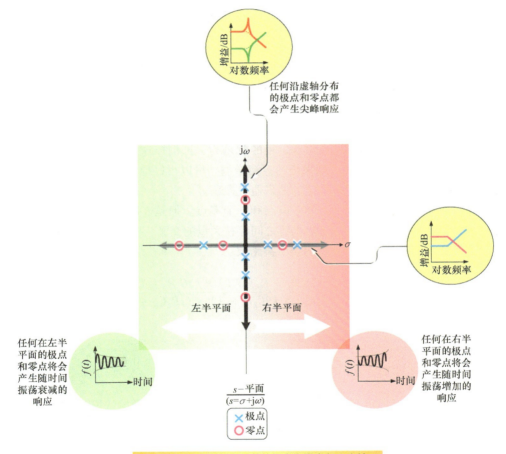

图2-19　常用传递函数的极点和零点行为小结

在 VMC 中，控制对象的 LC 后置滤波器的传递函数，即为如下式所示，注意到其中高亮显示的 s 项。本质上它就是 #4 的函数的形式（加入了一定的 Q 值）。

$$G(s) = \frac{1}{\left(\dfrac{s}{\omega_0}\right)^2 + \dfrac{1}{Q}\left(\dfrac{s}{\omega_0}\right) + 1}$$

由定义可知，$\omega_0 = 1/(LC)^{1/2}$，以及 $Q = R_{\text{LOAD}} \times (C/L)^{1/2}$，我们可以看到包含 s 项的幅值不会影响频率，而只是由 s^2 项决定，但是它决定了谐振频率处的尖峰值响应。

通常的，如果 s 项的系数是很小的话，峰值会更高。

对于零点，如 #10 曲线所示，我们有一个类似的但是方向相反的曲线。而且，我们需要开始考虑补偿器的 Q 值，而不是仅仅是控制对象的 Q 值。

12. 模拟补偿的限制

尽管假定我们现在熟悉模拟环路控制，甚至接受这个事实：我不能很快地改变环路补偿结果，如本系列书第一部分所说，模拟环路调试是极为困难的，而采用数字环路补偿会更容易一些。同样，模拟补偿的本质在某种程度上是有局限性的，我们将很快会谈到这点，虽然这很少在其他相关文献中提及。

在图 2-20 中，我们再次将电压模式控制（VMC）变换器的 3 型补偿网络方程写出来。如之前所讨论的那样，关键是在补偿器中引入两个双重零点，其位置就是控制对象的后置 LC 滤波器的双极点位置，目的就是为了抵消掉这个双极点。我们同样也需要一个零极点，这样可以得到很高的直流增益，可以很好地用来抑制低频扰动。同时我们也要将环路带宽限制在一定的值来避免振荡。

我们对补偿器的要求是：1 个零极点和 2 个零点。但是 3 型补偿网络是利用 3 个电容和 2 个电阻构成，在这些电阻电容之间存在大量的交叉，所以我们不再讨论。

下面是我们熟悉的 3 型补偿网络增益函数：

$$H(s) \approx \frac{\left[sC_2(R_1 + R_3) + 1\right] \times (sC_1R_2 + 1)}{(sR_1C_1) \times (sC_2R_3 + 1) \times (sR_2C_3 + 1)}$$

或是：

$$H(s) \approx \frac{s^2\left[C_1C_2(R_1 + R_3)R_2\right] + s\left[C_2(R_1 + R_3) + C_1R_2\right] + 1}{sR_1C_1(sC_2R_3 + 1)(sR_2C_3 + 1)}$$

s 项和平常一样，定义了补偿网络一定的 Q 值，我们必须开始认识到它的存在。将它与之前提到的普遍的方程相比较：

$$T(s) = \frac{V(s)}{U(s)} = K\frac{\dfrac{s}{Z_0}\left(\dfrac{s}{z_1} - 1\right)\left(\dfrac{s}{z_2} - 1\right)\left(\dfrac{s}{z_3} - 1\right) \times \cdots \times \left(\dfrac{s}{Z_1} + 1\right)\left(\dfrac{s}{Z_2} + 1\right)\left(\dfrac{s}{Z_3} + 1\right)\cdots}{\dfrac{s}{P_0}\left(\dfrac{s}{p_1} - 1\right)\left(\dfrac{s}{p_2} - 1\right)\left(\dfrac{s}{p_3} - 1\right) \times \cdots \times \left(\dfrac{s}{P_1} + 1\right)\left(\dfrac{s}{P_2} + 1\right)\left(\dfrac{s}{P_3} + 1\right)\cdots}$$

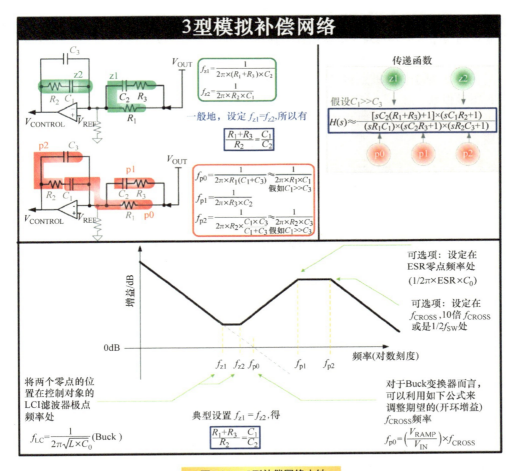

图2-20　3型补偿网络小结

我们意识到 3 型补偿网络会带来 2 个常规的 LHP 零点，但是同样也有 2 个常规的 LHP 极点，但它们不是我们想得到的零极点。注意到所有的极点零点是基于 RC（一个无功元件）的值，因此他们是一阶的。它们都会在转换频率 $(\omega_x=1/RC)$ 提供一个向上 / 向下的斜率，即为 20dB/decade。但是它们不会产生尖峰值，因为其频率位置是沿实轴分布的（如图 2-19 所示）。

这里需要注意到的是，我们要处理好两个额外的极点，即使我们不需要它们。显然可以利用其中一个来抵消掉电容的 ESR 零点（来自于控制对象）。由于当今电源趋于高频化，现代陶瓷电容的 ESR 也都是很低的，所以抵消这个作用也不是很有意义。

余下一个极点的位置是一个富有争议的话题，一些人建议将其置于 $f_{\mathrm{sw}}/2$ 处，还有一些人说是放在 $f_{\mathrm{sw}}/10$。1996 年在德国举行的 Unitrode 研讨会上，Lloyd Dixon 建议将其直接放在交越频率 f_{CROSS} 处。

另一个问题是，如我们在第一部分所知，我们实际上需要简化 3 型补偿网络的传递函数，这样才更为实用，即假设 $C_1 \gg C_3$。这意味着，我们在计算过程中已经存在一个固有的误差。另外，对于电容而言，存在 10% 的误差，以及其他误差等，这表明在模拟补偿中基本上不是精确的。

另外，对于调整极点和零点到底有多难？这在第一部分中讨论过，总体的答案就是：很难很难。

但是标准的 3 型模拟补偿网络的最大问题还没有提到，现在我们开始讨论这个问题。

13. 3 型补偿网络中的 Q 值不匹配问题

在环路补偿中最常用和著名的描述是：

如果我们能将两个一阶零点置于相同的频率位置，这等效于一个双零点。

这也是我们为什么总是简单地假设我们将两个零点置于补偿器中来抵消掉 LC 滤波器的双极点。但是这个抵消结果只是我们将会看到的一部分而已。

假设我们将两个单个零点置于相同的频率位置，这样得到如下的传递函数：

$$H(s) = \left(\frac{s}{\omega_Z} + 1\right)^2 \Rightarrow \frac{s^2}{\omega_Z^2} + 2\left(\frac{s}{\omega_Z}\right) + 1$$

然而，我们知道控制对象会有如下的传递函数：

$$G(s) = \frac{1}{\left(\frac{s}{\omega_0}\right)^2 + \frac{1}{Q}\left(\frac{s}{\omega_0}\right) + 1}$$

对于这两个用来抵消的零点，我们必须要一对一地进行抵消：

$$\frac{\frac{s^2}{\omega_Z^2} + 2\left(\frac{s}{\omega_Z}\right) + 1}{\left(\frac{s}{\omega_0}\right)^2 + \frac{1}{Q}\left(\frac{s}{\omega_0}\right) + 1} = 1$$

这只有一个条件才能抵消：即控制对象的 Q 值等于 0.5，否则别无他法。

因为负载变化的话，控制对象的 Q 值可以从非常小的值（满载）变化到非常大的值（轻载）。

换言之，为了精确地实现相互抵消，不仅是 LC 的极点频率（在这个例子中是 ω_0 或是 ω_{LC}）必须等于两个双零点（ω_Z）的频率，同时包含 s 的关键项，它决定了我们之前所说的阻尼的大小也必须相等。在轻载条件下，控制对象的 Q 值会变得非常高，所以 s 项会变得很小，所以 LC 尖峰值很大。而在含有双零点的模拟补偿器中，我们

在 s 项中含有一个因数 2，这在谐振频率 ω_z 处时不能忽略。这样的结果就是补偿器的响应很好地被阻尼。但这不是控制对象的响应，所以如何能希望它们相互抵消掉每个极点？

注意到下面的文章：

http://powerelectronics.com/power_systems/simulation_modeling/Transient-response-phase-margin-PET.pdf，其作者 Basso，通过调节控制对象的增益（通过仿真实现），得到 $Q = 0.5$，此时可以得到最佳的瞬态响应，但是他没有认识到这只是简单的 Q 值不匹配的问题，因为模拟补偿器都是有同样的 Q 值，$Q = 0.5$，Basso 这样看起来是在这个位置得到了 76° 的相角裕量，因此宣称 76° 是最优的相角裕量（尽管也有些人觉得它可能是 45°）。实际上，这很明显是将补偿器和控制对象的 Q 值进行匹配的根据，因为此时零极点抵消是趋于完美的，所以我们可以得到最佳的瞬态响应。当然设定控制对象的 $Q = 0.5$ 恒定是不太实际的，因为这只对特定的负载有效。更好的办法是对于宽范围变化的负载，让控制对象的 Q 值处于它自己的位置，然后通过调整补偿器的 Q 值来自动匹配控制对象的 Q 值，这在数字补偿控制中很容易实现。

14. Q 值不匹配的问题

我们刚刚偶然发现 Q 值不匹配的问题，因为控制对象的 Q 值能从很小的值（重载时）变化到很大的数值（轻载时）。而补偿器的 Q 值（我们差点忘记了问它到底是多少）是固定的。

其值是多少？

来看 s 项：

$$\frac{1}{Q}\left(\frac{s}{\omega_0}\right) \text{ 与 } 2\left(\frac{s}{\omega_z}\right)$$

我们已经知道在 3 型模拟补偿网络中，Q 总是等于 0.5（双重零点），而不管反馈网络中的 R/C 值大小。

这是标准模拟补偿网络中最大的问题所在，它不能抵消掉 LC 极点，这会导致条件稳定，事实证明，这并不是我们所想的那样无害。

在我们再次讨论条件稳定之前，注意到有另一种描述 Q 值不匹配问题的办法。根据我们在图 2-13 和图 2-14 中做出的传递函数，我们意识到如果用两个完全限制在实轴上的简单零点来试图抵消 LC 双极点的尖峰，和它的复共轭根极点（沿纵轴并行分布，位于 0dB 线的上下侧）本质上是存在问题的。如果它们彼此都不是在 s 平面的上方？这如何能完全抵消掉？

15. 重新审视条件稳定

在标准的模拟补偿技术中，零极点的抵消不是那样完美，结果就是环路增益上会出现很大的尖峰并且相角在 LC 极点频率处会"摆动"。如图 2-21 所示。

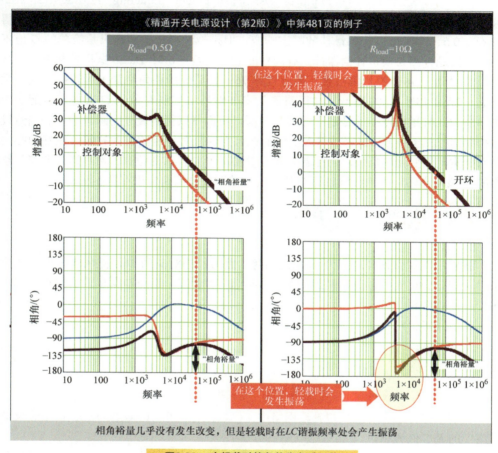

《精通开关电源设计（第2版）》中第481页的例子

图2-21　在轻载时的条件稳定(高Q值)

但是这为什么会是一个问题？如第一部分所说，它称之为条件稳定。Lloyd Dixon 警告在这个情况下会导致增益崩溃，Ray Ridley 则认为它无论如何都是稳定的，还有其他的说法等。但没有一个人将它关联到大信号瞬态变化下会与输出振荡有关。

但是现在来证实一下，我们以一个 Buck 变换为例，其参数为

$L = 330\ nH$, $C = 546\mu F$, $ESR = 520\mu\Omega$, $DCR = 8.53m\Omega$, $V_{IN} = 12V$, $V_{OUT} = 1.2V$, $I_{OMAX} = 5A$

计算出来的 LC 极点频率是 11.86kHz。接下来我们施加 0~2A 的瞬态负载变换。这样就出现了如图 2-22 所示的情况。仔细看输出端，振荡的频率约为 12.56kHz，很

接近理论上计算出来的 LC 极点频率。注意这不是仿真结果。

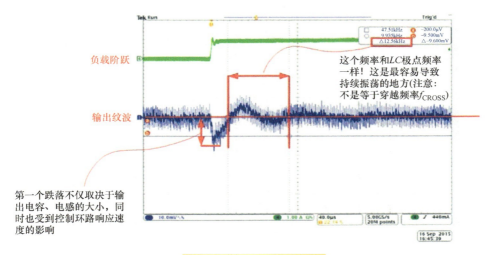

图2-22　输出振荡分析

　　问题：为什么我们看到的振荡频率是接近于 LC 谐振频率，而不是我们经常认为（最可能）的穿越频率 f_{CROSS}？

　　我们可以反驳一下 Lloyd Dixon 的言论：在大信号事件下，因为电流需要爬升至新的终值，电感暂时在几个周期内不能提供能量（即第一部分中提到的电感重新初始化问题）。结果就是，增益崩溃并且 f_{CROSS} 频率下跌到 LC 极点频率附近，导致在那个频率处出现短暂的振荡。LC 极点频率处相位会发生很陡峭的摆动，特别是在轻载时，如图 2-12 所示，这对我们没有好处。

　　我们得到的结论就是：条件稳定并不是像我们平常谈论的那样不会产生什么坏处。

　　也许如果我们只依赖于小信号模型仿真的话，我们永远不会发现此问题。同样 Lloyd Dixon 在 1996 年也表达了同样的观点，参见：

　　http://encon.fke.utm.my/nikd/Dc_dc_converter/TI-SEM/slup113.pdf

　　这里缺少一种平衡和方法，试图将一些只有在开关模型中的现象强加在性线等效模型里面（这样有时得到的是不确定的结果），我们不能一味地一看到开关模型就想着把它变成线性化模型，而是要想想我们到底需要的是什么，所以这里需要一种方法使得我们能够来判定：到底是否需要或者是否适合去用线性化等效模型来分析。开关电源里很多严重的问题并不会反映在频域模型里，或是平均化的时域模型里，除非这些问题是提前预知的并呈现在模型当中。在时域下用开关模型来进行仿真，虽然速度慢，但能揭示那些可能在频域中会被隐藏的问题。

16. 迫使模拟补偿更为有效

现在我们利用 Mathcad 对 3 型补偿网络进行一些数学分析。假设 $C1 >> C3$，它的传递函数为

$$H(s) \approx \frac{[sC_2(R_1 + R_3) + 1] \times (sC_1R_2 + 1)}{(sR_1C_1) \times (sC_2R_3 + 1) \times (sR_2C_3 + 1)}$$

等效为

$$H(s) \approx \frac{s^2[C_1C_2(R_1 + R_3)R_2] + s[C_2(R_1 + R_3) + C_1R_2] + 1}{sR_1C_1(sC_2R_3 + 1)(sR_2C_3 + 1)}$$

现在我们知道 s 项的存在，与控制对象的 LC 极点响应（相对补偿器来说是无阻尼的），s 项会导致补偿器响应是过度阻尼的。我们试图在数学上引入额外的尖峰（谷底或是反谐振点）在补偿器中，通过引入一个任意的因子 "v"：

$$H(s) \approx \frac{s^2[C_1C_2(R_1 + R_3)R_2] + s[C_2(R_1 + R_3) + C_1R_2] \times v + 1}{sR_1C_1(sC_2R_3 + 1)(sR_2C_3 + 1)}$$

所以如果减少 v 的值（s 项）我们可以得到一个向下的补偿器增益曲线，类似于图 2-14 中的 #10 曲线。如果我们能严格控制这个反谐振，我们基本在任何负载条件下都能完美的抵消掉 LC 的谐振。

为了证明这个，如图 2-23 所示，我们比较标准模拟补偿器的轻载响应，和这个通过设定 $v = 0.01$ 的强制调整后的响应。我们可以现在看到基本上完全抵消掉了 LC 极点，包括环路增益的幅值和相角。最重要的是，如果没有彻底消除的话，条件稳定情况是显著减少了。这样现在会得到一个较好的瞬态响应，随后我们也会看到。

的确，这只是数学上的分析，而且没有简单的办法在模拟控制中实现。但是，我们知道现在用数字补偿方法可以实现这种独特的传递函数，这样可以用来进行补偿。

简而言之，基于图 2-14 中的 #9 曲线所示的 LC 极点，与其放置两个重合的一阶零点，我们可以用数字控制技术来产生一个二阶零点，这样更适合用来补偿，如图 2-14 中的 #10 曲线所示。

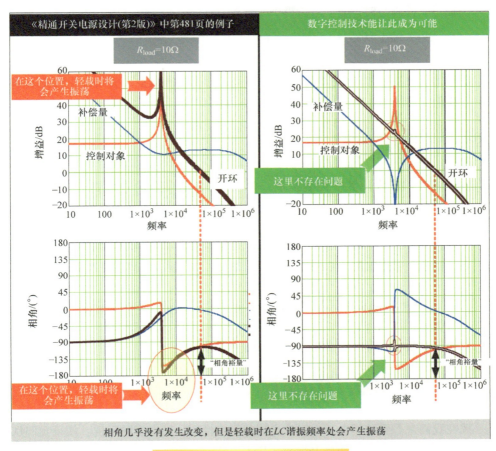

图2-23　数字技术能够补偿得更好

17. 阻尼是什么

现在我们定义一个更广义的传递函数，来看存在虚数分量的影响：

$$H(s) = \left[\left(\frac{s}{\omega_0} \right)^2 + \frac{1}{Q} \left(\frac{s}{\omega_0} \right) + 1 \right]$$

其根（零点的位置）如下：

$$\left(\frac{s}{\omega_0} \right) = -\frac{1}{2Q} \pm \sqrt{\frac{1}{4Q^2} - 1}$$

$$s = \left(-\frac{1}{2Q} \pm \sqrt{\frac{1}{4Q^2} - 1} \right) \omega_0$$

当如下条件满足时，我们可以得到实数根：

$$\frac{1}{Q^2} \geq 4 \text{ 或 } \frac{1}{Q} \geq 2 \text{ 或 } Q \leq 0.5$$

如果 $Q > 0.5$ 会得到虚数根。而 $Q = 0.5$ 称之为临界阻尼。它对应于两个共轭零点，和我们在传统的 3 型补偿网络中看到的一模一样。

18. 临界阻尼之外

注意到我们现在用数字控制技术，它不会强迫补偿器的 Q 值是大于 0.5 的，也可以小于 0.5。在后面的例子中，补偿器可以认为是过阻尼了。在上面的二阶方程中，如果 $Q < 0.5$ 的话，可以认为是过阻尼；如果 $Q > 0.5$，是欠阻尼。欠阻尼出现在根中出现了虚数部分。我们可以得到尖峰（谷底）如图 2-15 和图 2-19 所示。

在文献中，常用阻尼系数来代替 Q，即 $\zeta = 1/2Q$。所以临界阻尼对应于 $Q = 0.5$ 或是 $\zeta = 1$。

当 $Q > 0.5$ 时，我们开始讨论这两个零点的位置，对应于两个分裂的零点，它们会在 0dB 轴上对称出现，并以复数共轭的 $a + jb$ 和 $a - jb$ 的形式出现。

我们随后会将所有的 Q 值的情况做图表示出来。

19. 另一个有用的功能：电容的阻抗

现在我们来看看通用电子中经常出现的一个性能，即电容的阻抗。如果我们从电容的两端看去，它是由等效串联电感（ESL）、等效串联电阻（ESR），以及电容 C_{OUT} 构成。所以其阻抗公式是

$$Z(s) = (ESR) + \frac{1}{(C_{OUT})s} + (ESL)s$$

"ESR" 这里是常数（与频率无关），ESL 项是正比于频率，而另一项 $1/C_{OUT}$ 是反比于频率。用更为通用的表达形式，我们可以写成如下形式：

$$F(s) = U + \frac{V}{s} + Ws$$

在我们的例子中，这意味着 $U = ESR$，$V = 1/C_{OUT}$，$W = ESL$。之所以我们将其写成通用的形式，是因为我们经常在不同的地方看到其不同的形式。

化简得到我们更想要的形式，如下：

$$F(s) = \frac{Us + V + Ws^2}{s} = \frac{\left(\dfrac{s}{\sqrt{\dfrac{V}{W}}}\right)^2 + \dfrac{U}{\sqrt{VW}} \times \left(\dfrac{s}{\sqrt{\dfrac{v}{W}}}\right) + 1}{s \times 1\dfrac{1}{V}}$$

分母即为积分器的公式（图 2-13 中的 #1 曲线）。分子是图 2-14 中 #10 曲线的修正后的形式。电容阻抗的 Q 值同样可以定义如下：

$$Q_{\text{CAP\_Z}} = \frac{1}{U}\sqrt{VW} \equiv \frac{1}{\text{ESR}}\sqrt{\frac{\text{ESL}}{C_{\text{OUT}}}}$$

这是一个串联 RCL 电路，Q 值是 LC 后置滤波器并联谐振电路的倒数：

$$Q_{\text{PLANT}} = R_{\text{LOAD}}\sqrt{\frac{C_{\text{OUT}}}{L}}$$

然而，类比的效果是惊人的。

同样可以将 3 型补偿网络类比到传递函数，我们同样来看看。

$$H(s) \approx \frac{s^2[\,C_1 C_2 (R_1 + R_3) R_2\,] + s[\,C_2(R_1 + R_3) + C_1 R_2\,] + 1}{sR_1 C_1 (sC_2 R_3 + 1)(sR_2 C_3 + 1)}$$

如果我们将两个零点放置重合，即：

$$f_{z1} = \frac{1}{2\pi(R_1 + R_3)C_2}$$

和：

$$f_{z2} = \frac{1}{2\pi R_2 C_1}$$

$$\frac{C_1}{C_2} = \frac{R_1 + R_3}{R_2} \quad \Leftarrow \text{这即是双重零点的条件}$$

将这个方程代入 $H(s)$ 会完全消除掉 C_2。

$$H(s) \approx \frac{s^2\left[\left(C_1 R_2\right)^2\right] + s\left[2 C_1 R_2\right] + 1}{s R_1 C_1 \left(s \dfrac{R_2 R_3 C_1}{R_1 + R_3} + 1\right)\left(s R_2 C_3 + 1\right)}$$

如前所述，3 型补偿网络传递函数中的这两个极点可能是多余的。我们不可避免需要到的是一个零极点和两个零点（分子中的）。所以将极点 p1 和 p2 移出很出。在数字控制中，我们总是能引入新的极点，几乎是随意的。在我们这个例子中，这是相当于将 R_3 短路并将 C_3 移除开。这样来看看在 3 型补偿器中会发生什么，如图 2-20 所示。现在，假设我们将这两个极点移开了，这样得到一个简化的 3 型补偿网络的传递函数如下：

$$H(s) \approx \frac{s^2\left[\left(C_1 R_2\right)^2\right] + s\left[2 C_1 R_2\right] + 1}{s R_1 C_1} = \frac{\left(\dfrac{s}{\dfrac{1}{C_1 R_2}}\right)^2 + \dfrac{1}{2}\dfrac{s}{\dfrac{1}{C_1 R_2}} + 1}{\left(\dfrac{s}{\dfrac{1}{C_1 R_1}}\right)}$$

将它与一般的包括 U、V、W 的公式进行比较的话，我们可以看到类似的，除了如下关键的东西：

通用传递函数的 Q 值是 $\sqrt{(VW)}/U$，它几乎可以是任何值，而 3 型网络的 Q 值是 0.5。如前所述的，这是 3 型模拟补偿网络最关键的制约因素。

除此之外，根据类比，我们可以得到电容的阻抗和增益函数，可以类似直观地描述出来。

如果仅当我们有办法改变补偿器的 Q 值为我们所用的话，这样会引起 Q 值不匹配问题。

同样我们知道，在阻抗曲线中，这等效于有一个零极点，它的穿越频率为 $\omega_{p0} = V$Hz，或是等效写成 $f_{p0} = V/2\pi$。从分母我们知道，可以得到两个零点，其频率为 $\omega_0 = \sqrt{(V/W)}$，或等效写成 $\omega_0 = \sqrt{[(V/W)/2\pi]}$。同样的，阻尼程度取决于品质因数 $Q = \sqrt{(VW/U^2)}$。如果它是小于或是等于 0.5 的话，得到的是临界阻尼或是过阻尼响应情况。如果大于 0.5 的话，我们会得到虚数解，这样会产生尖峰响应。在后种情况下，我们会得到两个分裂的零点，但都是在 LHP 侧，且沿实轴对称分布，对应的两个共轭复数根为

$$s = \left(-\frac{1}{2Q} \pm \sqrt{\frac{1}{4Q^2} - 1}\right)\omega_0$$

根据通用的方程表达式，将 Q 用 $\sqrt{(VW/U^2)}$ 代替即可。

我们来做这个图：

（1）从实数解开始，即根号里的数为正数，这样 $Q \leqslant 0.5$，我们得到两个根均沿实轴分布。当根号里为 0 的时候，即 $Q = 0.5$ 时，这两个根是重合的。这在开关变换器中称之为临界阻尼（在滤波器理论中，临界阻尼一般定义为 $Q = 0.707$）。在 $Q = 0.5$ 时，两个零点都位于 ω_0 位置。随着 Q 值的减少，两个零点沿实轴扩展。利用 Mathcad，我们做出的图如图 2-24 所示。当 Q 值减少时，两个根沿着实轴向外扩展，其位置为

$$\left(-\frac{1}{2Q} + \sqrt{\frac{1}{4Q^2} - 1} \right)\omega_0 \text{和} \left(-\frac{1}{2Q} - \sqrt{\frac{1}{4Q^2} - 1} \right)\omega_0$$

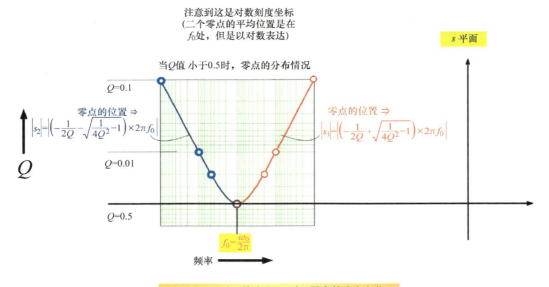

图2-24　当Q值小于0.5时，零点的分布变化

两个的平均值，算术计算仍然是 ω_0，对于 $Q = 0.5$，这两个零点的位置是重合的。

$$f_{\text{AVG}} = 10^{\frac{\log |f_{z1}| + \log |f_{z2}|}{2}} = f_0$$

（2）如果 $Q > 0.5$，将会发生什么？同样我们用 Mathcad 将其做图出来，结果在图 2-25 中。我们可以看到共轭复数根，沿 0dB 轴上下分布。注意到实际电路中的尖峰的位置，在示波器上看到的，与 s 平面原点的直径距离是相关的，它接下来因为零点在垂直方向上分离开来而被解决了，因此，截止频率是由 s^2 项决定的，和之前的一样。

我们现在有一个完整直观的了解如下函数的表现行为是

$$F(s) = U + \frac{V}{s} + Ws$$

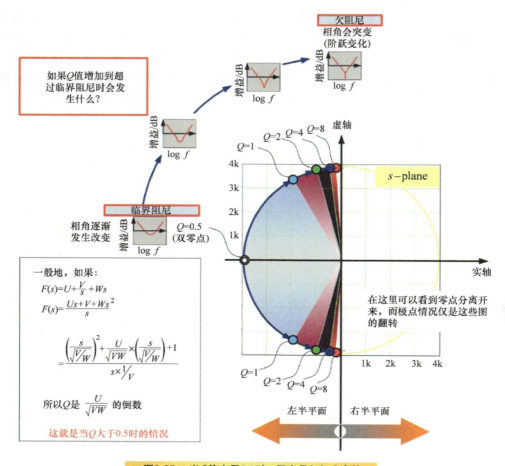

一般地，如果：

$$F(s)=U+\frac{V}{s}+Ws$$

$$F(s)=\frac{Us+V+Ws^2}{s}$$

$$=\frac{\left(\frac{s}{\sqrt{\frac{V}{W}}}\right)^2+\frac{U}{\sqrt{VW}}\times\left(\frac{s}{\sqrt{\frac{V}{W}}}\right)+1}{s\times\frac{1}{V}}$$

所以Q是$\frac{U}{\sqrt{VW}}$的倒数

这就是当Q大于0.5时的情况

图2-25　当Q值大于0.5时，零点是如何分离的

20. PID 系数介绍

　　本书试图以一种直觉的方式去解释比例、积分、微分（PID）系数。不同文献中有许多种关于检测到误差系统环路如何响应不同的描述。如，它能够观察绝对误差（在一个瞬态基准上面）并对误差呈现比例响应，或是过一段时间再响应，这是积分特性，或是看多快能响应并基于它来改变速率，这是微分响应，诸如此类。它们都是正确的表述。但是如很早之前我们指出来的，直觉是基于机械系统，它对应到开关变换器中的意义并不是太大，这也是为什么实际上求助于一些有限的数学计算，基于我们对某些特定的传递函数的理解，用在这里来解释 PID 系数。结果是令人吃惊的，即使是从纯粹的数学观点上去看，这一点我们马上会意识到。

　　对开关变换器，我们将三种响应组合在一起，这样得到一个 PID 补偿器，如图 2-26 所示。利用 Mathcad 将其控制响应特性做图出来，如图 2-27 所示。在时域系统（示波器上看到的），每一种的影响是如图 2-28 所示的那样。例如：一个大的 K_I 值可以减少直流稳态误差，如本书第一部分所说的那样。但是那个稳态误差，我们知道，它很大程度上是由积分环节所控制。其传递函数为 $1/s$ 形式（图 2-13 的 #1 曲线）。所以不要感到吃惊，在 PID 补偿器中，积分系数 k_I 本质上是 PID 补偿器的积分器环节。

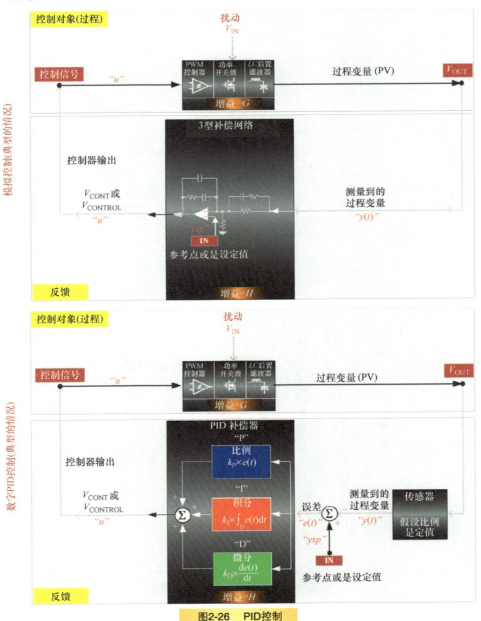

图2-26　PID控制

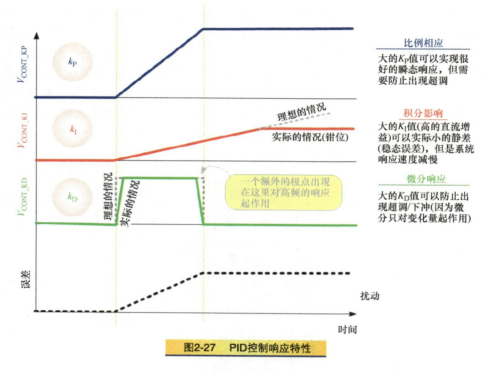

图2-27 PID控制响应特性

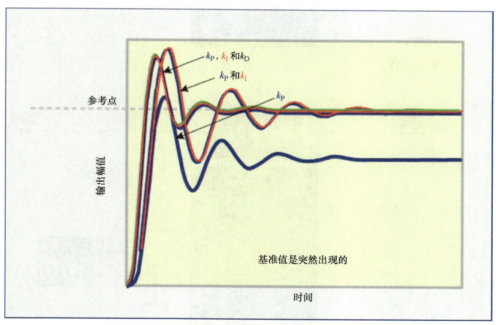

图2-28 PID系数对瞬态响应的反应

必须强调的是，利用模拟补偿技术，如采用多个运算放大器，也可以实现 PID 控制，但是采用数字式 PID 控制会更精确并且更容易，当然功能也更强大。因此，PID 补偿器现在基本上成为了数字控制的代名词。

如下是一个典型的 PID 补偿器的传递（增益）函数表达式：

$$H(s) = k_P + \frac{k_I}{s} + k_D s$$

这里 k_P、k_I 和 k_D 分别代表比例、积分、微分系数。

我们马上就意识到 PID 补偿器的传递函数和电容的阻抗表达式类似（之前讨论过）。很清楚，像阻抗公式，它和我们之前讨论过的通用描述函数很相似。

$$F(s) = U + \frac{V}{s} + Ws$$

这将我们带入了 <mark>万能的类比之中。</mark>

21. 类比的重要性

在图 2-29 中所看到的那样，它展示了基本的数字 PID 补偿器与一个电容阻抗之间的类似性。在图 2-30 中，我们更用数字例子表明了这种情况。

	$F(s)$	$Z(s)$	$H(s)$
常数	U	ESR	k_P
反比于频率	V	$1/C_{OUT}$	k_I
正比于频率	W	ESL	k_D
Q（品质因数）	$\dfrac{\sqrt{VW}}{U}$	$\dfrac{1}{ESR}\sqrt{\dfrac{ESL}{C_{OUT}}}$	$\dfrac{\sqrt{k_I k_D}}{k_P}$
f_{p0}（原点处极点的穿越频率）	$V/2\pi$	$1/2\pi C_{OUT}$	$k_I/2\pi$
f_0（两个零点的位置）	$(V/W)^{1/2}/2\pi$	$1/2\pi(ESL \times C_{OUT})^{1/2}$	$1/2\pi(k_0/k_1)^{1/2}$

$$Z(s) = ESR + \frac{1}{C_{OUT} \times s} + ESL \times s$$

$$F(s) = U + \frac{V}{s} + Ws$$

$$H(s) = k_P + \frac{k_I}{s} + k_D s$$

其他的一些定义：
临界阻尼 $Q = 0.5$
阻尼系数 $\zeta = 1/2Q$
临界阻尼系数 $\zeta_{CRLT} = 1$
品质因数 $Q = 1/2\zeta$

图2-29 类比表

如果我们分别固定 k_I 和 k_D，如 V 和 W，或是 $1/C_{OUT}$ 和 ESL，并只是改变 k_I（如 ESR 或是 U），我们就可以控制 Q 值。曲线的谷底点发生了改变，而不是谐振点（在截止频率处）。

因为我们可以通过简单地改变 k_P（或是 U）来实现 Q 的改变，在这个过程中并不会改变两个零点的位置（$\omega_0 = \sqrt{V/W}$），我们使得到补偿器的 Q 值（$\sqrt{V/W}/U$）和控制对象的 Q 值（$R_{LOAD}\sqrt{C_{OUT}/L}$）相匹配，这样可以保证合理地消除掉 LC 极点，而不会有条件稳定的问题产生，同样也大大减少了负载在大信号瞬态变化下的输出振荡。

常数	R	U	K_P
反比于频率	$1/C$	V	K_I
正比于频率	L	W	K_D
Q(品质因数)	$\dfrac{U}{\sqrt{VW}}$	$R\sqrt{\dfrac{C}{L}}$	$\dfrac{k_P}{\sqrt{k_I k_D}}$
f_{p0}(原点处极点的穿越频率)	$V/2\pi$	$1/2\pi C$	$k_1/2\pi$
f_0(两个零点的位置)	$(V/W)^{1/2}/2\pi$	$1/2\pi(LC)^{1/2}$	$1/2\pi(k_0/k_1)^{1/2}$

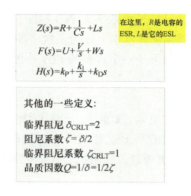

$$Z(s)=R+\frac{1}{Cs}+Ls$$

$$F(s)=U+\frac{V}{s}+Ws$$

$$H(s)=k_P+\frac{k_1}{s}+k_D s$$

在这里，R 是电容的 ESR，L 是它的 ESL

其他的一些定义：

临界阻尼 $\delta_{CRLT}=2$

阻尼系数 $\zeta=\delta/2$

临界阻尼系数 $\zeta_{CRLT}=1$

品质因数 $Q=1/\delta=1/2\zeta$

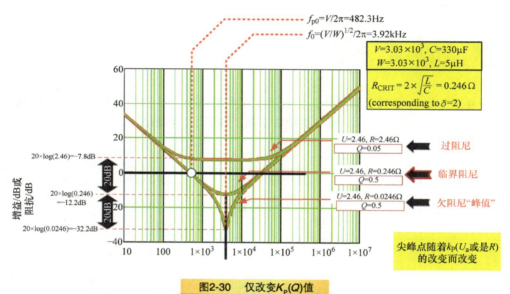

$f_{p0}=V/2\pi=482.3\text{Hz}$

$f_0=(V/W)^{1/2}/2\pi=3.92\text{kHz}$

$V=3.03\times10^3,\ C=330\mu\text{F}$
$W=3.03\times10^3,\ L=5\mu\text{H}$
$R_{CRIT}=2\times\sqrt{\dfrac{L}{C}}=0.246\Omega$
(corresponding to $\delta=2$)

$U=2.46,\ R=2.46\Omega$
$Q=0.05$ 过阻尼

$U=2.46,\ R=0.246\Omega$
$Q=0.5$ 临界阻尼

$U=2.46,\ R=0.0246\Omega$
$Q=0.5$ 欠阻尼"峰值"

$20\times\log(2.46)=7.8\text{dB}$
$20\times\log(0.246)=-12.2\text{dB}$
$20\times\log(0.0246)=-32.2\text{dB}$

20dB

增益/dB或阻抗/dB

尖峰点随着 k_P(U_a 或是 R) 的改变而改变

图2-30　仅改变 $K_P(Q)$ 值

这就是我一直关注的问题，我们现在拥有强大的补偿工具，这要归功于数字技术的发展。

在图 2-31 中，我们再次呈现了电容阻抗和数字 PID 补偿器之间的类似性，一些电容的阻抗曲线在规格书中都有描述。但是我们现在看数字 PID 补偿器发现在直观上它们两者没有区别。我们不需要很多文字来构建起其物理直觉。数学胜于雄辩。一旦我们理解了数学，我们就能够熟练地处理 PID 系数，和我们在 3 型模拟补偿网络中所做的事一样，更为重要的是它效率更高、功能更为强大。数字技术只是帮助我们极大地利用 PID 系数来进行环路补偿。

在图 2-32 中，我们给出了在数字补偿器中需要用来进行 Q 值匹配所需要的所有公式。首先，基于我们期望的穿越频率，利用如下著名的方程（引入 k_I），简单地设定 k_I 值：

增益和阻抗的作用一样，k_I类似于$1/C$，k_D类似于ESL，而k_P类似于ESR

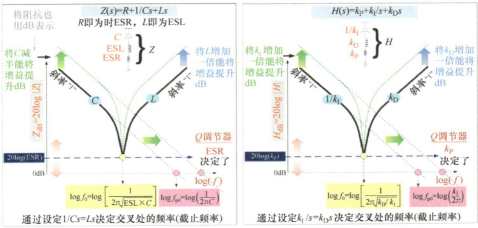

图2-31　电容阻抗和PID补偿器的全面对比

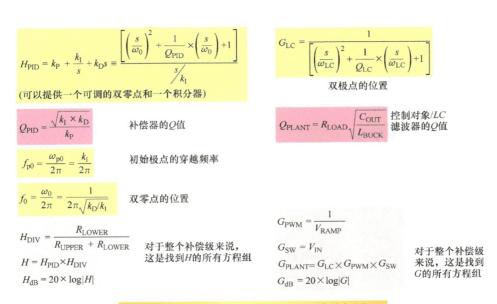

图2-32　对于进行Q值匹配所需要的所有的方程组

$$f_{p0} \equiv \frac{k_I}{2\pi} = \frac{V_{RAMP}}{V_{IN}} f_{CROSS}$$

一旦知道了k_I，就可以通过在LC极点位置设置PID补偿器的两个双重零点，这样即可以固定k_D，所以：

$$f_0 = \frac{1}{2\pi \sqrt{k_D/k_I}} = f_{LC} = \frac{1}{2\pi \sqrt{LC}}$$

对于任意负载，因为我们知道控制对象的 Q 值，如果我们可以检测到负载，我们能够合适地利用 Q 值相等来设定 k_P 的值：

$$Q_{COMP} = \frac{\sqrt{k_I k_D}}{k_P} = Q_{PLANT} = R_{LOAD} \sqrt{\frac{C_{OUT}}{L}}$$

然后总结起来就是：对于 PID 参数的微调，为了达到最优的瞬态响应，我们最终也会在实验台上进行验证。

22. 实验台验证

2015 年 9 月 17 日，这种控制方案在某供应商最新的一代数字控制器上得到了部分实现，之所说成部分的，是考虑到设备的系统构架，它不能基于负载的变化连续地反馈给定 k_P 值。但是，我们确实在固定的半载（2.5A）时设定的 k_P 值下几乎完全抵消了 LC 极点。对负载响应 0~2A 以及 0~5A 进行了测试。在每种情况下，产品的现有功能都被禁用，只输入我们新的方法得到的 PID 参数。超调/下冲的结果基本上是现有技术水平上性能的 2 倍。

23. PID 系数的其他写法

其他一些作者喜欢用时间常数来表达，这让认识和操作更为困难。然而，为了保持完全性，这里还是陈述如下：

$$G(s) = k_P + \frac{k_I}{s} + k_D s$$

$$G(s) = k_P \left(1 + \frac{1}{s\tau_i} + s\tau_d \right)$$

所以，$k_I = \dfrac{k_P}{\tau_i}$，$k_D = k_P \tau_d$。

$$G(s) = k_P \left(1 + \frac{1}{s\tau_i} + \frac{s\tau_d}{1 + \dfrac{s\tau_d}{N}} \right)$$

所以，现在我们有一个额外的极点可以用来消除 ESR 零点（如果我们想消除的话），或是将它放在 f_{CROSS} 附近来降低相角裕量，如 Lloyd Dxion 所提示的那样。

图 2-33 给了 PID 系数与零极点之间的转换表。注意虽然这些公式模拟了一个 3 型补偿器（来源于 Chris Basso APEC 2012 研讨会，但略加更正），结果就是：将两个零点置于同一个位置的话，像我们之前用来抵消 LC 双极点的那样，这会导致补偿器的 Q 值大约在 0.5（临界阻尼）。我们可以看到这是标准的模拟补偿网络的一个主要限制，所以实际上，在这个公式组中，仍然无法反映出来通过 k_p 值来改变尖峰形状的能力（即数字补偿器产生的效果）。为了解决这个问题，引入了一个 X 因子的概念，它基本上是用此因子乘以方程中的 k_p 得到的。

$$k_{\mathrm{P}} = \left[\frac{\omega_{\mathrm{p0}}}{\omega_{\mathrm{z1}}} - \frac{\omega_{\mathrm{p0}}}{\omega_{\mathrm{p1}}} + \frac{\omega_{\mathrm{p0}}}{\omega_{\mathrm{z2}}} \right] \times X_{\mathrm{factor}}$$

$$\tau_{\mathrm{d}} = \frac{(\omega_{\mathrm{p1}} - \omega_{\mathrm{z1}}) \times (\omega_{\mathrm{p1}} - \omega_{\mathrm{z2}})}{(\omega_{\mathrm{p1}} \cdot \omega_{\mathrm{z1}} + \omega_{\mathrm{p1}} \cdot \omega_{\mathrm{z2}} - \omega_{\mathrm{z1}} \cdot \omega_{\mathrm{z2}}) \omega_{\mathrm{p1}}} \times \frac{1}{X_{\mathrm{factor}}}$$

$$\tau_{\mathrm{i}} = \left[\frac{\omega_{\mathrm{z1}} + \omega_{\mathrm{z2}}}{\omega_{\mathrm{z1}} \cdot \omega_{\mathrm{z2}}} - \frac{1}{\omega_{\mathrm{p1}}} \right] \times \frac{1}{X_{\mathrm{factor}}}$$

$$\tau_{\mathrm{d}} = \frac{(\omega_{\mathrm{p1}} - \omega_{\mathrm{z1}}) \times (\omega_{\mathrm{p1}} - \omega_{\mathrm{z2}})}{(\omega_{\mathrm{p1}} \cdot \omega_{\mathrm{z1}} + \omega_{\mathrm{p1}} \cdot \omega_{\mathrm{z2}} - \omega_{\mathrm{z1}} \cdot \omega_{\mathrm{z2}}) \omega_{\mathrm{p1}}} \times \frac{1}{X_{\mathrm{factor}}}$$

$$N = \frac{\omega_{\mathrm{p1}} \times \tau_{\mathrm{d}}}{X_{\mathrm{factor}}} = \left[\frac{(\omega_{\mathrm{p1}})^2}{(\omega_{\mathrm{p1}} \cdot \omega_{\mathrm{z1}} + \omega_{\mathrm{p1}} \cdot \omega_{\mathrm{z2}} - \omega_{\mathrm{z1}} \cdot \omega_{\mathrm{z2}})} - 1 \right] \times \frac{1}{X_{\mathrm{factor}}}$$

$$f_{\mathrm{p0}} = \frac{k_{\mathrm{P}}}{2\pi \times \tau_{\mathrm{i}}}$$

$$f_{\mathrm{z1}} = \frac{\tau_{\mathrm{d}} + \sqrt{-4N^2 \tau_{\mathrm{d}} \tau_{\mathrm{i}} + N^2 \tau_{\mathrm{i}}^2 - 2N\tau_{\mathrm{d}} \tau_{\mathrm{i}} + \tau_{\mathrm{d}}^2} + N\tau_{\mathrm{i}}}{4\pi \times \tau_{\mathrm{d}} \tau_{\mathrm{i}} (1+N)}$$

$$f_{\mathrm{z1}} = \frac{\tau_{\mathrm{d}} - \sqrt{-4N^2 \tau_{\mathrm{d}} \tau_{\mathrm{i}} + N^2 \tau_{\mathrm{i}}^2 - 2N\tau_{\mathrm{d}} \tau_{\mathrm{i}} + \tau_{\mathrm{d}}^2} + N\tau_{\mathrm{i}}}{4\pi \times \tau_{\mathrm{d}} \tau_{\mathrm{i}} (1+N)}$$

$$f_{\mathrm{p1}} = \frac{N}{2\pi \times \tau_{\mathrm{d}}}$$

图2-33　通过引独特的X因子概念，我们对于PID系数有不同的表达方法

基本上，如果它设定唯一的话，我们就得到在相关文献中看到的方程。但是，X 因子可以让你简单地将 k_p 值改变得到一个新的 k_p 值，但同时保持其他 PID 系数，如 k_I、k_D 不变，这就让双重零点的位置固定不变。通过这种方法，我们可以仅仅调整补偿器的 Q 值来匹配控制对象的 Q 值，因此，通过 Q 值匹配这一关键技术，我们才能得到实验台上优异的性能表现。

24. PID 系数 Mathcad 计算表格

下图 2-34 为用来计算 PID 系数的 Mathcad 计算表格。

$f_{p0} = 1.34 \times 10^4$ $f_{p1} = 5.606 \times 10^5$ $f_{z1} = 1.186 \times 10^4$ $f_{z2} = 1.186 \times 10^4$ 需求

这些事基于 LC 滤波器的极点位置、ESP零点以及期望的穿越频率 f_{CROSS} 对应的是角频率

$\omega_{p0} := 2 \cdot \pi \cdot f_{p0}$ $\omega_{z1} := 2 \cdot \pi \cdot f_{z1}$

$\omega_{p1} := 2 \cdot \pi \cdot f_{p1}$ $\omega_{z2} := 2 \cdot \pi \cdot f_{z2}$ 角频率

基于作者本人的设计表,计算PID系统

$k_I := 2 \cdot \pi \cdot f_{p0}$ $k_I = 8.419 \times 10^4$

使用 $f_0 = \dfrac{\omega_0}{2\pi} = \dfrac{1}{2\pi \sqrt{k_D / k_I}}$

$k_D := k_I \dfrac{1}{4 \cdot \pi^2 \cdot fLC^2}$ $k_D = 1.517 \times 10^{-5}$

在这里引入我们的 Q 值匹配的概念

$$Q_{\text{plant}} := R \cdot \sqrt{\dfrac{C}{L}}$$ $Q_{\text{plant}} = 406.761$

更为精确的 Q 值形式是

$$Q_{\text{plant}} := \dfrac{\sqrt{L \cdot C}}{\left[\dfrac{L}{R} + \text{DCR}.C\left(1 + \dfrac{\text{ESR}}{R}\right)\right] + (\text{ESR} \cdot C)}$$ $Q_{\text{plant}} = 42.282$

期望的 K_P 值为 $k_P := \dfrac{\sqrt{k_I \cdot k_D}}{Q_{\text{plant}}}$

如果前后一致的话，那么这就是PID系数的值

$k_P = 0.027$ $k_I = 8.419 \times 10^4$ $k_D = 1.517 \times 10^{-5}$

图2-34　用来计算PID系数的Mathcad计算表格

25. 结论

基于目前的讨论，我们在这里可以小结一下数字与模拟控制环路补偿实现的方法：

（1）模拟补偿器是十分微妙的，调整复杂。数字补偿器则是可以很容易实现调整，逻辑也清晰。

（2）模拟补偿器是对元件误差、温度、标准值的选择依赖度很大，数字补偿技术则可以精确设定。

（3）模拟补偿会丢掉 1~2 个极点（它们可能不需要）。我们很难将它们正确放置而不影响其他零极点，因为它们是相互交织的。数字环路可以允许我们引入完全独立的额外的极点或是零点，它们是可以按需而存在的。

（4）模拟补偿器不能以恰当的方式抵消掉 LC 双极点，因为 Q 值受限，提供的零点受到限制。数字补偿器如果合理采用，能够消除条件不稳定问题，这样在负载 / 输入瞬态变化时输出的振荡减小。

我们用了很多的时间 / 过程来理解模拟和数字环路之间的关联，并使它们适用于开关变换器。到了现在这个阶段，不需要再去面对数字控制中的采样相关问题，如反射到 Z 平面等。我们不认为这有助于控制环路的理解，或帮助他们从系统级设计的角度来实现，他们的实施有什么帮助。所以，这两部分系列到此为止结束了，谢谢！